현대자동차

슈퍼 에어로시티

머리말

최근 국내 자동차는 새로운 차종 개발에 의한 전기 장치의 새로운 시스템들이 계속적으로 적용되고 있어 전기적인 문제가 중요한 것으로 간주되고 있습니다.
이에 폐사에서는 수퍼 에어로시티 버스 차량의 전기 회로를 정비기술자들이 보다 정확하고 효율적으로 활용할 수 있도록 발간하였습니다.
폐사차량에 대한 소비자의 만족을 위해서는 적절한 정비 작업의 제공이 필수적입니다. 따라서 정비 기술자들이 본 책자를 충분히 이해하고 필요시 신속한 참고 자료가 될 수 있도록 사용하여 주시길 바랍니다.
본 책자를 이용하시는 동안 내용상의 오류, 오기가 발견되거나 의문사항이 있을 때는 서슴치 마시고 폐사로 연락하여 주시기 바랍니다. 다만, 기술이 진보함에 따라 설계변경이 있을 경우 정비통신및 사양변경 통신으로 통보되고 있사오니 이점에 대해서는 양지하시기 바랍니다.
저희 현대자동차는 보다 완벽한 차량 생산 및 정비기술의 진보 향상에 연구 노력하고 있습니다.
본 책자가 귀하께 보다 많은 도움이 되길 바랍니다.

· 본 책자에 수록된 내용은 폐사의 설계변경에 따라 사전 통보없이 변경될 수도 있습니다.

2000년 7월
현대자동차주식회사
정비 자료 발간팀

목 차

일반 사항 (GENERAL INFORMATION)	G I	
전기 회로도 (SCHEMATIC DIAGRAMS)	SD	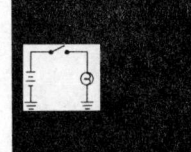
구성 부품 위치도 (COMPONENT LOCATIONS)	CL	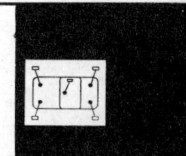
컨넥터 식별도 (CONNECTOR CONFIGURATIONS)	CC	
하니스 배치도 (HARNESS LAYOUTS)	HL	

일반 사항

서론 GI-2
기호 GI-6
고장 진단법 GI-10

G

서론

본 정비 책자에는 차량의 전기적인 문제점 진단 요령에 대해 각각의 전기 회로도에 대해 아래의 5가지 사항으로 구성되어 있다.

- 전기 회로도 (SD : Schematic Diagram)
- 구성부품 위치 색인표
- 구성부품 위치도 (CL : Components Location)
- 컨넥터 식별도 (CC : Connector Configuration)
- 하니스 배치도 (HL : Harness Layout)

전기 회로도

각 시스템의 진단 과정에 있어 출발점이 되는 부분이다.

각 장마다 시스템별 회로가 구성되어 있으며, 이 회로도는 전기 흐름 경로와 각 위치에서의 스위치 연결 상태, 기타 관련된 회로 기능과의 부분들을 동시 수록하여 실 정비 작업에 활용 될 수 있도록 구성하였다. 고장 진단에 앞서 회로에 대한 완전한 이해를 하는것이 무엇보다 중요하다.

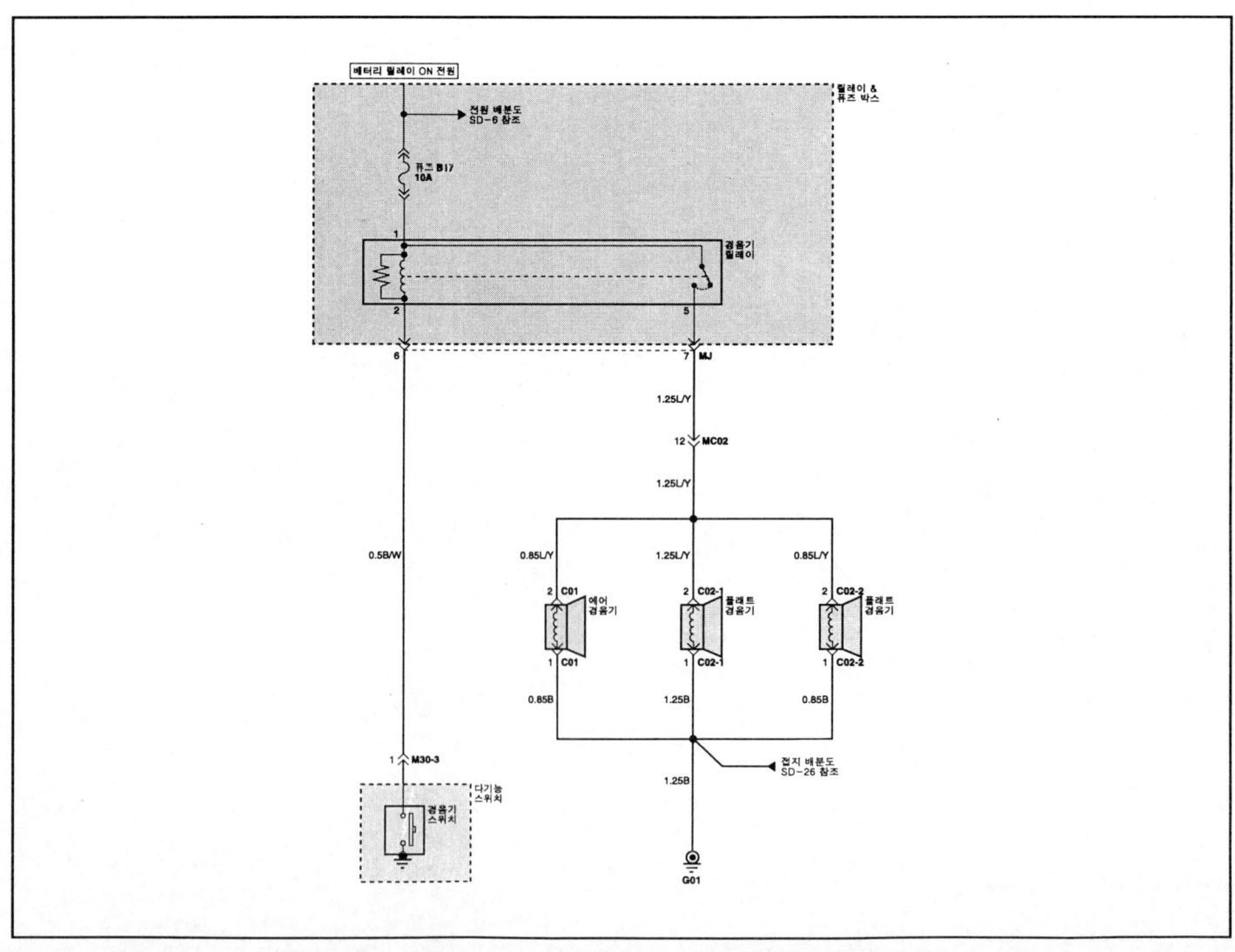

서론

구성 부품 위치 색인표

차량 정비시 전기 회로도 상의 부품 위치를 파악하고자 할때 구성 부품 위치 색인표를 이용하며, 이것은 각 회로도 마지막 페이지에 위치한다. 여기에는 주요 부품, 컨넥터, 접지, 다이오드등의 위치를 보여주는 그림이 위치한 정비 책자내에서의 페이지를 보여준다.

부품		부품 위치도 - 페이지
C12	연료 센더	CL-14
C26	오일 압력 센서 모듈	CL-15
C28	ETC 컨트롤 모듈	CL-15
E01	수온 센서	CL-10
M29-2	계기판	CL-4
연결 컨넥터		
EC01		CL-12
MC02		CL-7
MC03		CL-7
MC05		CL-7
MJ		CL-9
접지		
G01		CL-28
G05		CL-28

각 전기 회로 내에 있는 부품이나, 컨넥터, 접지, 다이오드의 정확한 위치는 " 구성 부품 위치도 " 에서 볼 수 있다.

구성부품 위치도

구성부품 위치도는 구성 부품 위치 색인표상에서 나타난 구성 부품을 실 차량에서 찾는데 용이하도록 컨넥터가 차량에 부착된 상태를 사진으로 표시하여 컨넥터 식별을 용이하도록 도움을 준다.

컨텍터 식별도

본 장에서는 "전기 회로도"에서 보여진 컨넥터 내에서 각각의 핀에 대한 위치를 보여준다.
또한 회로도상의 모든 컨넥터의 형상과 각 터미널의 해당 번호를 컨넥터 분류기호 순서로 수록하였다.
이것은 각 배선의 칼라와 터미널수와 마찬가지로 점검 개소를 식별할 수 있도록 구성되어 있다.
배열 그림은 각 구성 부품에 하니스 컨넥터가 연결되지 않은 상태의 배선측 컨넥터를 보여준다.
아울러, 하나의 부품에 2개 이상의 컨넥터가 연결되는 경우에는 2개 이상의 컨넥터를 모두 보여준다.

E37-2	E38	E39	E43
2 1	1	4 3 ☒ 2 1 / 9 8 7 6 5	1 2

EM01	EM02
10 9 8 7 6 ▽ 5 4 3 2 1 / 22 21 20 19 18 17 16 15 14 13 12 11 / 1 2 3 4 5 ▽ 6 7 8 9 10 / 11 12 13 14 15 16 17 18 19 20 21 22	2 1 / 3 1 2 / 3

컨넥터 형상 및 컨넥터 핀 번호 매김(핀 넘버링)

1. 컨넥터 형상

예 : 블로워 스위치

실제적 형상	회로도상 표기	비 고
1. 암 컨넥터(하니스측) 록킹 포인트 / 하우징 / 핀	1. 암 컨넥터(하니스측) 3 2 1 / 6 5 4	암·수 컨넥터 구별은 하우징 형상이 아닌 핀 형상에 의해서만 이루어진다. 각 컨넥터의 넘버링에 대해서는 다음 표를 참조하라. 단, 몇몇 컨넥터는 이 넘버링 체계를 따르지 않을 수도 있다. 자세한 넘버링에 대해서는 컨넥터 식별도를 참조하라.
2. 수 컨넥터(스위치) 록킹 포인트 / 하우징 / 핀	2. 수 컨넥터(스위치) 1 2 3 / 4 5 6	

서론

구성 부품 위치 색인표

2. 넘버링 순서

예 : 블로워 스위치

암 컨넥터	수 컨넥터	비 고
		암 컨넥터 핀 번호는 오른쪽 위에서 왼쪽 밑으로, 수 컨넥터 핀 번호는 왼쪽 위에서 오른쪽 밑으로 번호를 매긴다.

와이어링 하니스 배치도

와이어링 하니스 배치도는 주요 와이어링 하니스의 전체적인 루트를 보여주며 실제 차량에 설치된 컨넥터의 개략적 위치를 찾는데 도움을 준다.

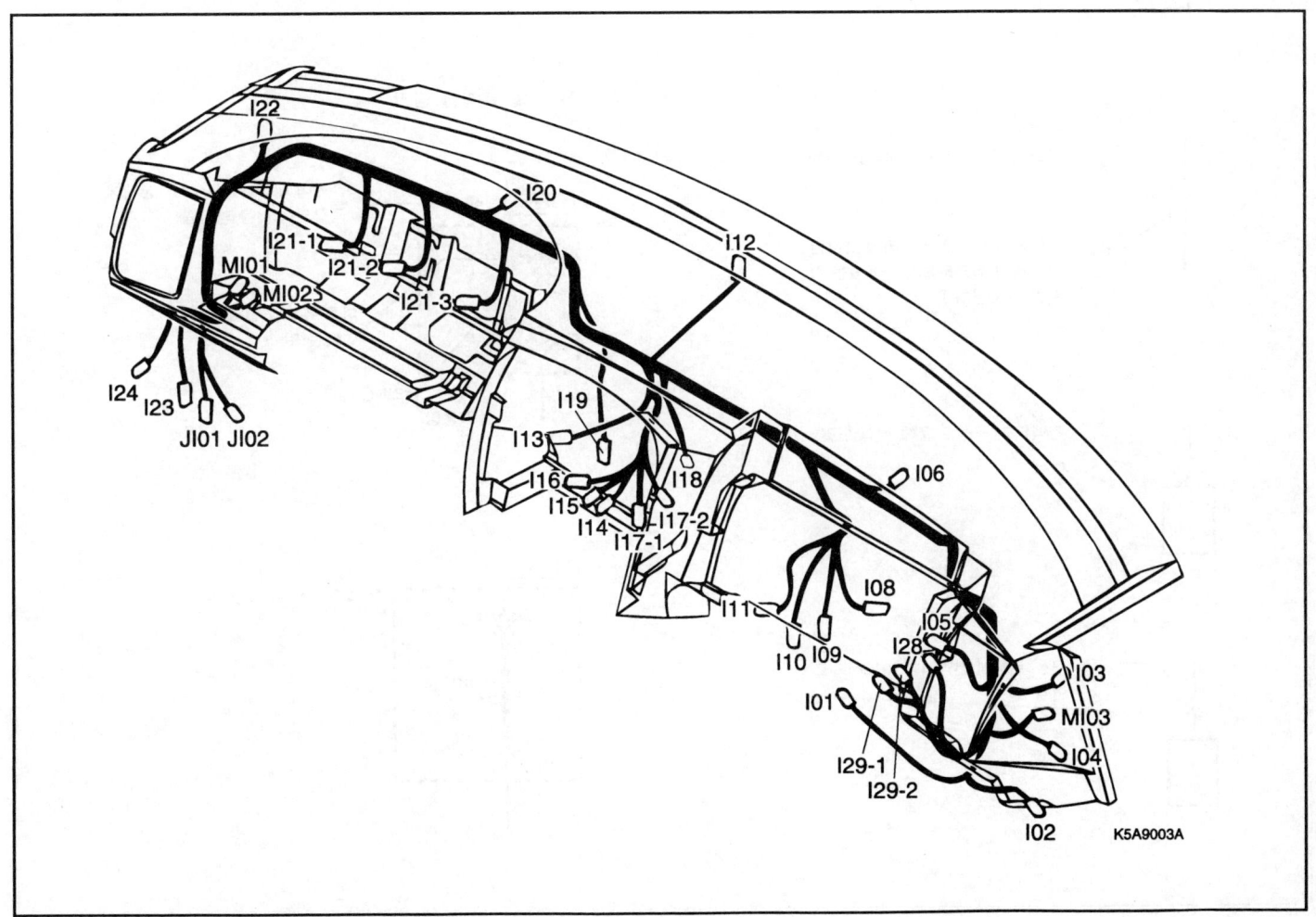

기호(회로도내 기호)

본 장에서는 정비 책자내의 각 전기 회로도에서 사용하는 약정 기호(심볼)에 대한 구성에 대하여 설명 한다.

회로도 내에서의 심볼

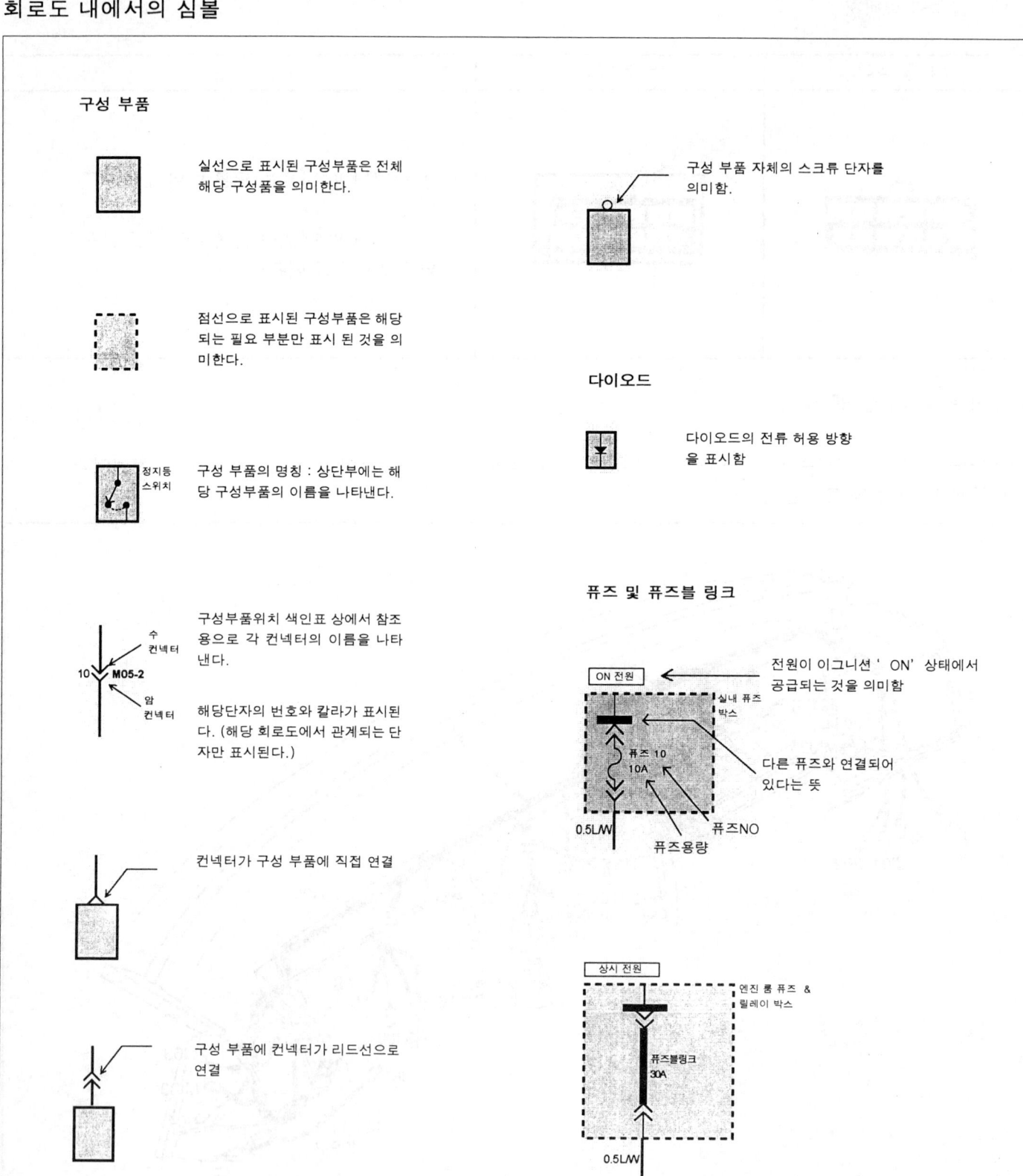

기호

와이어

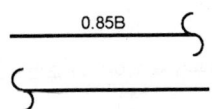
물결무늬 선은 끊어져 있지만 이전 또는 다음 페이지에 연결되어 계속된다.

노란 바탕의 적색 줄무늬선. (2가지색 이상으로 피복된선)

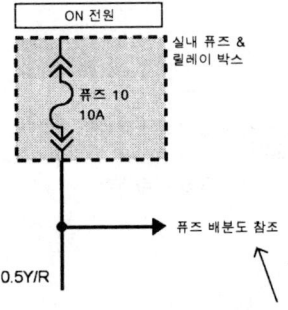
분기된 와이어를 자세히 보기 위해서는 표시된 회로 참조

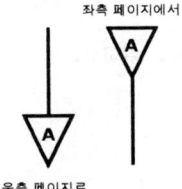
전류 흐름이 내부에 같은 문자를 갖는 같은 페이지 혹은 다른 페이지의 화살표로 연결됨. 화살표 방향 전류 흐름의 방향임.

조인트(접합)

조인트는 선에 점을 찍어서나타내며 차량에서의 실제적인 위치와 연결은 변화 할수 있다.

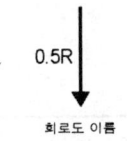
다른 회로와 공유하는 부분임을 표시함. 화살표가 지시하는 회로에서 와이어가 다시 나타남.

접지 "G"

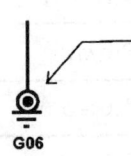
이는 차량의 금속 부분에 접속되는 와이어의 끝선을 나타냄.

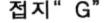
완전한 전기 회로가 나타나는 회로를 참조하라는 의미

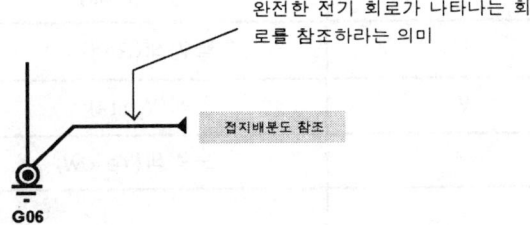
선택사양 혹은 다른 차종에 대한 와이어의 흐름을 표시한다. (해당 사양에 기준한 회로를 판별토록 지시한다.)

이 접지 심볼은 부품의 하우징이 직접 차량의 금속 부위에 붙여진다는 의미.

실드 와이어

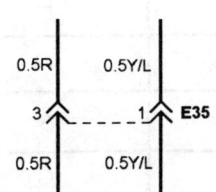
점선은 각각의 두개의 와이어가 동일한 컨넥터(E35)상에서 접속됨을 의미한다.

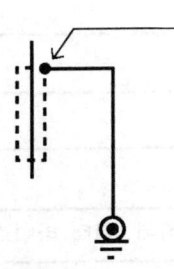
와이어에 전파 차단 보호막이 둘러싸여 있는 것을 나타내며, 항상 접지 상태에 있다. (주로 엔진 및 T/M를 컨트롤 하는 센서측에 사용된다.)

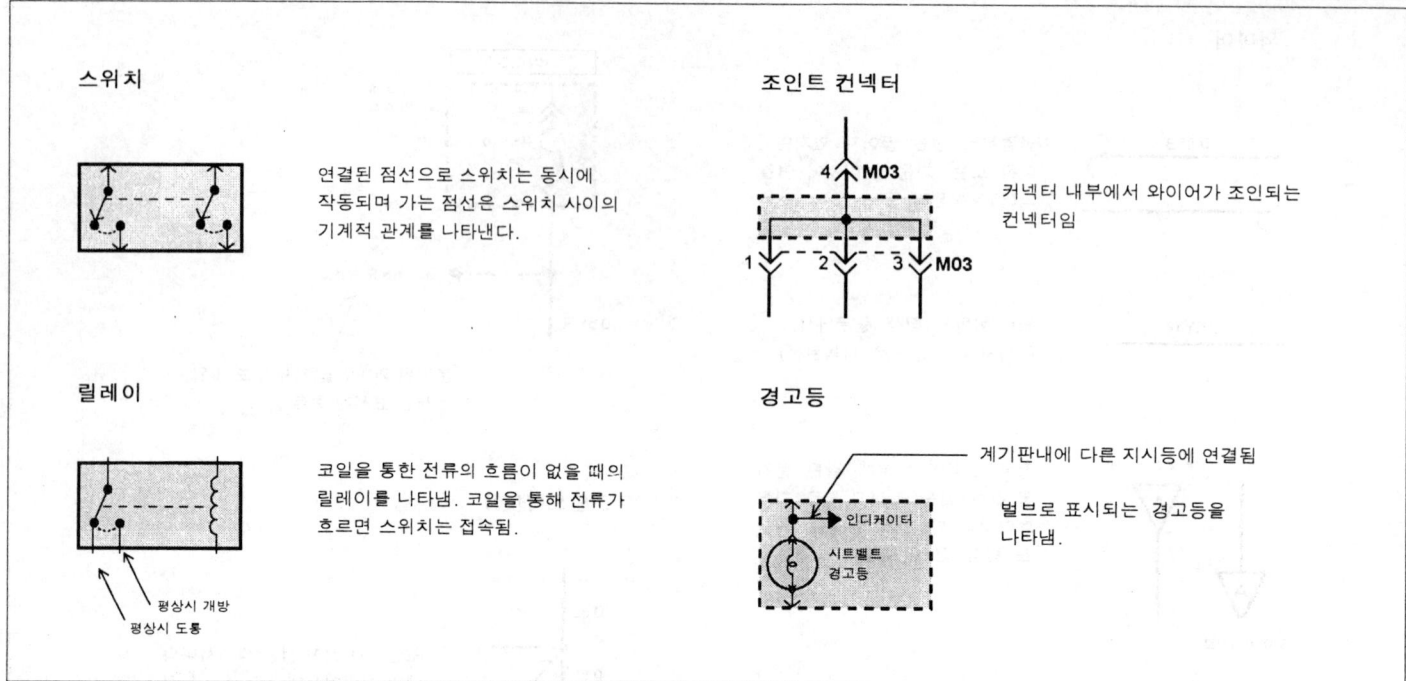

와이어 칼라 지정 약어

회로도상의 와이어 칼라를 식별하는데 사용되는 약어.

기 호	와이어 색상	기 호	와이어 색상
B	검정색(Black)	P	분홍색(Pink)
Br	갈색(Brown)	R	빨강색(Red)
G	초록색(Green)	W	흰색(White)
L	파랑색(Blue)	Y	노랑색(Yellow)
O	오렌지색(Orange)		

하니스 식별기호

하니스 배치도상의 와이어링 파트에 따라 분류된 각 와이어링 컨넥터를 나타냄.

하니스 명칭	위 치	심 볼
메인, 좌/우측 사이드 방향등 하니스	실내 구성품	M
엔진 하니스	엔진 룸	E
프런트 스위치 판넬 하니스	실내 구성품	I
ABS, 에어컨 하니스	샤시 & 실내	A
샤시 하니스 #1, 샤시 하니스 #2, 프리히터, 히터 하니스	샤시	C
스피커, 룸 램프, 리어 램프, 벤트레이터, 리어 스위치 박스 하니스	루프	R

기호

컨넥터의 식별

부품과 와이어링의 연결

컨넥터 식별 기호는 와이어링 하니스 위치와 식별 기호 컨넥터 일련 번호로 구성되어 있다.
컨넥터 위치는 와이어링 하니스 정착도를 참고하여 알 수 있다.

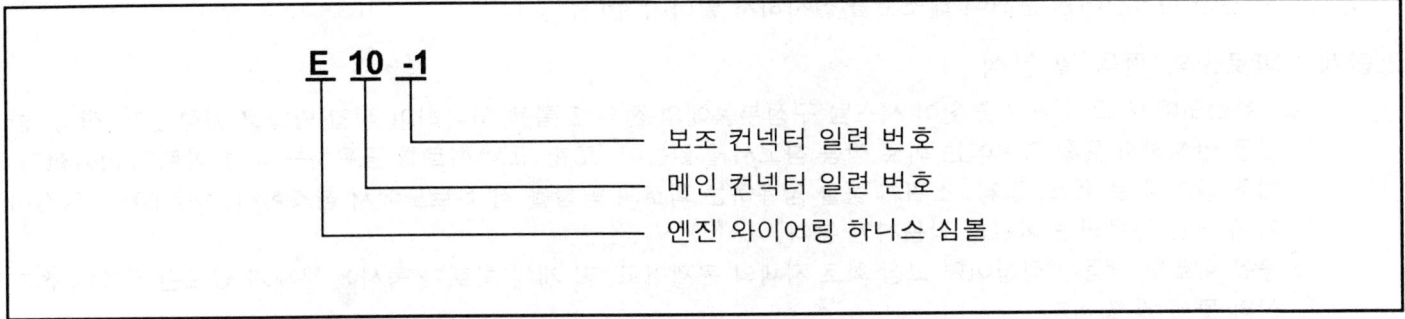

와이어링간의 연결

각 와이어링 하니스를 연결하는 (와이어링과 와이어링의 연결) 컨넥터는 아래의 심볼로 나타낸다.

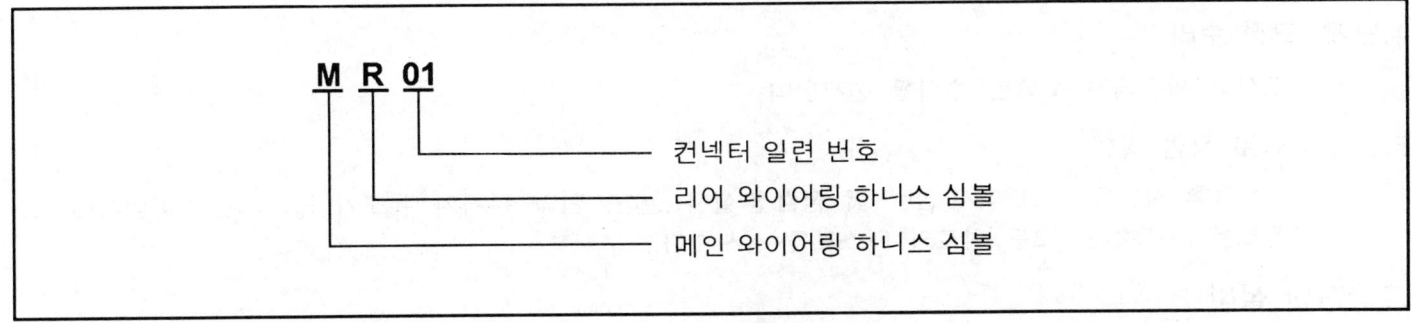

고장 진단법

고장 진단법

아래 5단계 고장 진단 과정을 거쳐 문제에 접근한다.

1.단계 : 고객 불만의 검토

정확한 점검을 위해 문제되는 회로의 구성부품을 작동 시킨 다음 현상을 검토하고, 현상을 기록 한다. 확실한 원인 파악전에는 분해나 테스트를 실시하지 말아야 한다.

2.단계 : 회로도의 판독 및 분석

회로도에서 고장 회로를 찾아 시스템 구성부품에의 전류 흐름을 파악하여 작업 방법을 결정한다. 작업 방법을 인식하지 못할 경우에는 회로 작동 참고서를 읽는다. 또한 고장 회로를 공유하는 다른 회로도 점검한다. 예를 들어 같은 퓨즈, 접지, 스위치 등을 공유하는 회로의 명칭을 각 회로도에서 참조한다. 1단계에서 점검하지 않았던 공유되는 회로를 작동시켜 본다.

공유 회로의 작동이 정상이면 고장 회로 자체의 문제이고, 몇 개의 회로가 동시에 문제가 있으면 퓨즈나 접지 상의 문제 일 것이다.

3.단계 : 회로 및 구성 부품 검사

회로 테스트를 실시하여 2단계의 고장 진단을 점검한다. 효율적인 고장 진단은 논리적이고 단순한 과정으로 실시되어야 한다. 고장 진단 힌트 또는 시스템 고장 진단표를 이용하여 확실한 원인 파악을 한다. 가장 큰 원인으로 파악된 부분부터 테스트를 실시하며, 테스트가 쉬운 부분에서 부터 시작한다.

4.단계 : 고장 수리

고장이 발견되면 필요한 수리를 실시한다.

5.단계 : 회로 작업 확인

수리후 확인을 위해 다시 한번 더 점검을 실시 한다. 만약 문제가 퓨즈가 끊어지는 것이었다면, 그 퓨즈를 공유하는 모든 회로의 테스트를 실시한다.

고장진단 설비

1. 전압계 및 테스트 램프

테스트 램프로 개략적인 전압을 점검한다. 테스트 램프는 한쌍의 리드선으로 접속된 12V 벌브로 구성되어 있다. 한쪽 선을 접지후 전압이 반드시 나타나야 하는 회로를 따라 여러 위치에 테스트 램프를 연결시켜 벌브가 계속해서 점등되면 테스트 지점에 전압이 흐르는 것이다.

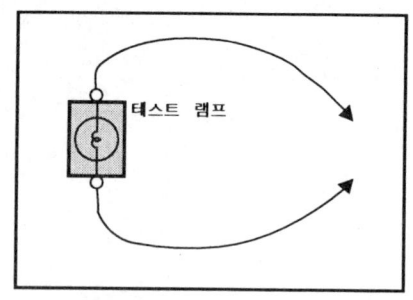

【주의】

● 회로는 컴퓨터 제어 인젝션과 함께 사용하는 ECU와 같은 반도체가 포함된 모듈(유니트)을 갖는다. 이러한 회로의 전압은 10MΩ이나 그 이상의 임피던스를 갖는 디지탈 볼트 메타로 테스트해야 한다. 안정 상태의 모듈이 포함된 회로는 테스트 램프 사용시 내부 회로가 손상될 수 있으므로 테스트 램프를 절대 사용하지 말아야 한다.

테스트 램프와 동일한 요령으로 전압계를 사용할 수도 있으며, 전압의 유·무만 판독하는 테스트 램프와는 달리 전압계에서는 전압의 세기까지 표시 한다.

2. 자체 전원 테스트 램프 및 저항기

통전 여부 점검을 위해 벌브, 배터리, 2개의 리드선으로 구성되는 자체 전원 테스트 램프나 저항기를 사용한다. 두개의 리드선이 모두 접속되면 램프는 계속 점등 된다. 그 위치점을 점검하기 전에 우선 배터리 (-) 케이블이나 작업중인 해당 회로의 퓨즈를 탈거한다.

【주의】

● 반도체가 포함된 유니트(ECU,TCU가 접속된 상태) 회로에서는 유니트가 손상 될 위험이 있으므로 자체 전원 테스트 램프를 사용하지 말아야 한다.

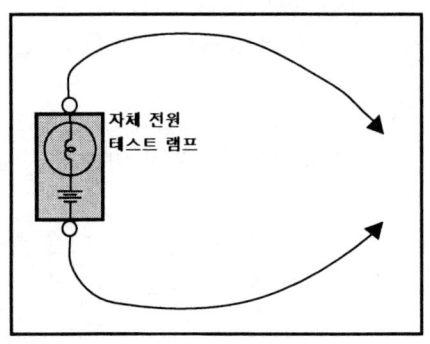

저항기는 자체 전원 테스트 램프 위치에서 사용할 수 있으며, 회로의 두 지점간의 저항을 나타낸다.
낮은 저항은 양호한 통전 상태를 나타낸다. 반도체가 포함된 유니트 회로는 10MΩ이나 임피던스가 큰 용량의 디지탈 멀티메타만 사용해야 한다. 디지탈 멀티미터로 저항 측정시에는 배터리의 (-)단자는 분리해야 한다. 그렇지 않을 경우 부정확한 수치가 나타날 수 있다. 회로상에서 다이오드나 모듈에서는 잘못된 수치를 나타낼 수 있다. 유니트가 측정치에 영향을 줄 경우에는 수치를 한번 측정한 후 리드를 반대로 갖다대고 다시한번 측정한다. 측정치가 다르면 유니트가 영향을 미치는 것이다.

3. 퓨즈 포함된 점프 와이어

열려진 회로를 통과해야 할때는 점프 와이어를 사용한다. 점프 와이어는 테스트 리드 세트에 인 라인(IN-LINE) 퓨즈 홀더가 연결되어 있다. 점프 와이어는 스몰 클램프 컨넥터와 함께 대부분의 컨넥터에 손상을 주지 않고 사용 가능 하다.

【주의】

● 테스트되는 회로 보호를 위해 정격 퓨즈 용량 이상의 것은 사용하지 말아야 한다. ECU, TCU등과 같은 것은 컨넥터가 접속된 유니트 상태에서 입출력을 위한 대체용등 어떤 상황에서도 사용해서는 안된다.

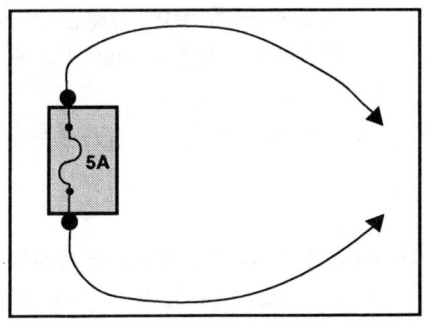

고장진단 테스트

1. 전압 테스트

컨넥터의 전압 측정시에는 컨넥터를 분리시키지 않고 탐침을 컨넥터 뒷쪽에서 꽂아 점검한다. 컨넥터의 접속표면사이의 오염, 부식으로 전기적 문제가 발생될수 있으므로 항시 컨넥터의 양면을 점검해야 한다.

가) 테스트 램프나 전압계의 한쪽 리드선을 접지 시킨다. 전압계 사용시는 접지 시키는 쪽에 반드시 전압계의 (-)리드선을 연결해야 한다.

나) 테스트 램프나 전압계의 다른 한쪽 리드선은 선택한 테스트 위치(컨넥터나 단자)에 연결한다.

다) 테스트 램프가 켜진다면 전압이 있다는 것을 의미한다.

라) 전압계 사용시는 수치를 읽는다. 규정치보다 1볼트 이상 낮은 경우는 고장이다.

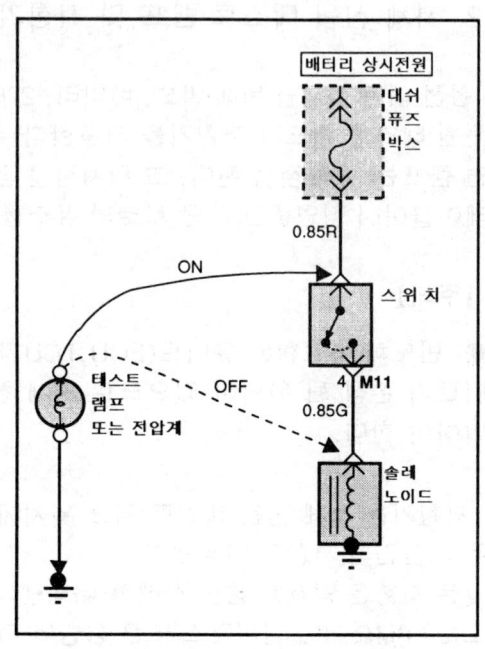

2. 통전 테스트

가) 배터리 (-)단자를 분리한다.

나) 자체 전원 테스트 램프나 저항기의 한쪽 리드선을 테스트하고자 하는 회로의 한쪽 끝에 연결한다. 저항기 사용시에는 리드선 2개를 함께 잡은 다음 저항이 0Ω이 되도록 저항기를 조정한다.

다) 다른 한쪽 리드선은 테스트 하고자하는 회로의 다른한쪽 끝에 연결한다.

라) 자체 전원 테스트 램프가 켜지면 통전상태이다. 저항기 사용시에는 저항이 0Ω 또는 값이 작을때 양호한 통전 상태를 나타낸다.

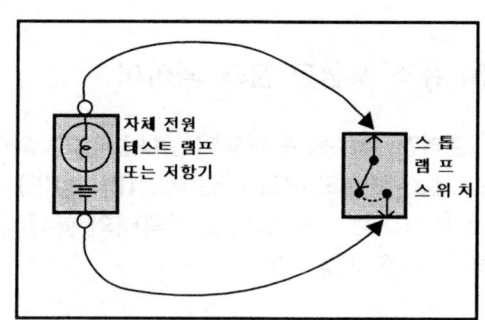

3. 접지 단락 테스트

가) 배터리의 (-)단자를 분리한다.

나) 자체 전원 테스트 램프나 저항기의 한쪽 리드선을 구성품 한쪽의 퓨즈 단자에 연결한다.

다) 다른 한쪽 리드선은 접지 시킨다.

라) 퓨즈 박스에서 근접해 있는 하니스부터 순차적으로 점검해 간다. 자체 전원 테스트 램프나 저항기를 약 15cm 간격을 두고 순차적으로 점검해 간다.

마) 자체 전원 테스트 램프가 열화되거나 저항이 기록되 면 그 위치점 주위 와이어링의 접지가 단락된 것이다.

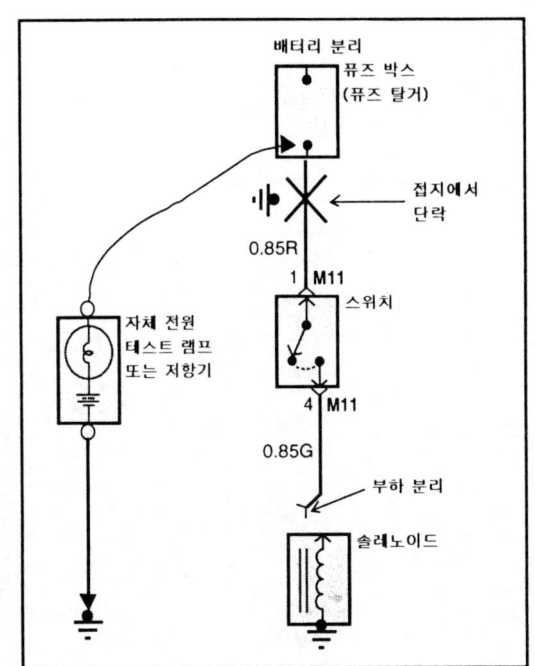

전기 회로도

퓨즈 및 릴레이	SD-2
전원 배분도	SD-8
자기 진단 점검 단자	SD-14
스타팅 & 충전 회로	SD-16
프리히팅 시스템	SD-20
ABS (안티 록 브레이크 시스템) 회로 (ASR 적용)	SD-24
ABS (안티 록 브레이크 시스템) 회로 (ASR 미적용)	SD-28
브레이크 경고	SD-32
배기 브레이크	SD-34
시거 라이터 & 프런트 콘센트	SD-36
MUTIC 회로	SD-38
와이퍼 & 와셔	SD-42
차속 센서	SD-44
타코그래프	SD-46
스피도 메타	SD-48
프리히터	SD-50
연료 차단 회로	SD-52
경고등	SD-54
게이지	SD-60
도어 컨트롤 & 스텝 램프	SD-62
오디오	SD-66
경음기	SD-68
전조등	SD-70
방향등 & 비상등	SD-72
안개등	SD-74
후진등	SD-76
정지등	SD-78
미등 & 번호판등	SD-80
엔진 룸 램프 & 리어 콘센트	SD-84
러기지 & 휠 램프	SD-86
행선지 표시등	SD-88
실내등	SD-90
운전석 램프	SD-92
엔트런스 램프	SD-94
조명등	SD-96
벤티레이터 컨트롤 회로	SD-100
에어 드라이어	SD-102
디프로스터 컨트롤 회로	SD-104
히터 회로	SD-106
에어컨 컨트롤 회로	SD-108

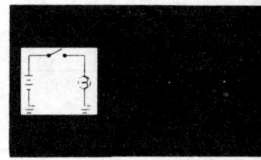

SD-2

전기 회로도

퓨즈 및 릴레이

배터리 퓨즈 박스

위치

10	9	8	7	6	5	4	3	2	1
5A	5A	5A	5A	15A	15A	15A	5A	10A	10A

K2IA001A

회로

퓨즈	용량(A)	연결 회로
1	10A	플래셔 유니트
2	10A	배터리 스위치, 도어 오프레이션 스위치
3	5A	오디오, 타코그래프
4	15A	연료 차단 모터, 이그니션 스위치
5	15A	콘센트
6	15A	프리히터 컨트롤 판넬, 프리히터 유니트
7	5A	정지등 스위치
8	5A	후진등 스위치
9	5A	뉴트럴 스위치
10	5A	엔진 룸 램프

퓨즈 및 릴레이 SD-3

메인 퓨즈 박스

위치

10	10A

9	10A

8	10A

7	10A

6	5A

5	10A

4	-

3	-

2	-

1	-

회로

퓨즈	용량(A)	연결회로
1	(사용 안함)	-
2	(사용 안함)	-
3	(사용 안함)	-
4	(사용 안함)	-
5	10A	예비 퓨즈
6	5A	(사용 안함)
7	10A	콜드 스타트 스위치
8	10A	(사용 안함)
9	10A	MUTIC, 차속센서, 에어 드라이어
10	10A	계기판 (게이지)

K2IA001B

SD-4 전기 회로도

메인 퓨즈 박스 (UPPER)

위치

예비퓨즈	예비퓨즈	예비퓨즈	예비퓨즈	퓨즈뽑기

1 10A	2 10A	3 10A	4 10A	5 10A	6 15A	7 10A	8 10A	9 5A	10 10A	11 5A	12 20A
13 10A	14 -	15 10A	16 10A	17 10A	18 5A	19 10A	20 15A	21 20A	22 15A	23 -	24 5A
25 30A	26 10A	27 10A	28 5A	29 5A	30 10A	31 10A	32 10A	33 5A	34 5A	35 5A	36 5A

K2IA001C

퓨즈 및 릴레이 SD-5

회로

퓨즈	용량(A)	연결 회로
1	10A	AUX 스위치
2	10A	행선지 표시등 릴레이
3	10A	룸 램프 릴레이, 룸 램프 스위치 #2
4	10A	룸 램프 스위치 #1, 다기능 스위치 (운전석 램프)
5	10A	와이퍼 & 와셔
6	15A	히터 유니트, 히터 컨트롤 모듈
7	10A	히터 유니트, 히터 컨트롤 모듈
8	10A	디프로스터
9	5A	클러치 스위치 (배기 브레이크)
10	10A	오디오
11	5A	ABS 컨트롤 모듈
12	20A	ABS 컨트롤 모듈, 자기 진단 점검 단자, DBR (ABS) 릴레이
13	10A	콘센트, 시거 라이터
14	(사용 안함)	-
15	10A	도어 오프레이션 램프, 도어 오프레이션 스위치 (중문)
16	10A	벤티레이션
17	10A	MUTIC
18	5A	(사용 안함)
19	10A	안개등 릴레이
20	15A	미등 릴레이
21	20A	전조등 릴레이(LOW), 전조등 릴레이(HIGH)
22	15A	(사용 안함)
23	(사용 안함)	-
24	5A	스타트 세이프티 스위치, 스타트 스위치
25	30A	이그니션 스위치
26	10A	경음기 릴레이
27	10A	프리히터 컨트롤 판넬
28	5A	계기판, 파킹 릴레이
29	5A	우측 콤비 램프, 번호판등, 타코그래프, 계기판
30	10A	좌측 콤비 램프, 번호판등, 엔트런스 램프
31	10A	우측 전조등 (HIGH)
32	10A	좌측 전조등 (HIGH)
33	5A	우측 전조등 (LOW)
34	5A	좌측 전조등 (LOW)
35	5A	우측 방향등
36	5A	좌측 방향등

SD-6 전기 회로도

릴레이 박스

위치

경음기 릴레이 **M13**	행선지 표시등 릴레이 **M14**	파킹 릴레이 **M15**	사용 안 함	AUX(12V) 릴레이 **M16**
안개등 릴레이 **M17**	룸 램프 릴레이 **M18**	사용 안 함	사용 안 함	DBR(ABS) 릴레이 **M20**	사용 안 함
사용 안 함	사용 안 함	사용 안 함	사용 안 함		
전조등 릴레이 (LOW) **M21**	전조등 릴레이 (HIGH) **M22**	미등 릴레이 **M23**	사용 안 함	사용 안 함
와이퍼 릴레이 (LOW) **M24**	와이퍼 릴레이 (HIGH) **M25**	사용 안 함	사용 안 함	사용 안 함

K2IA001E

MEMO

전원 배분도

전원 배분도 (1)

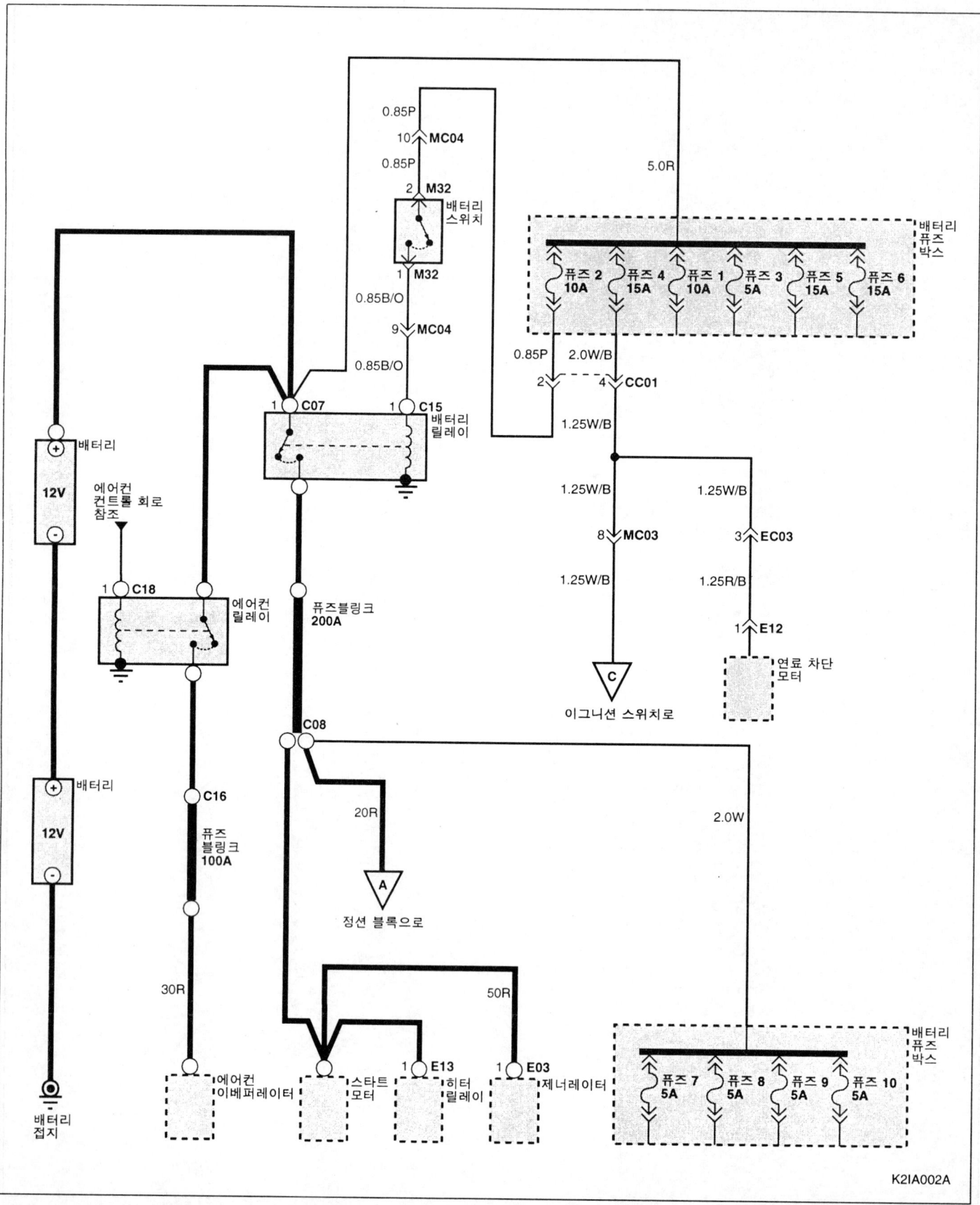

전원 배분도 (2)

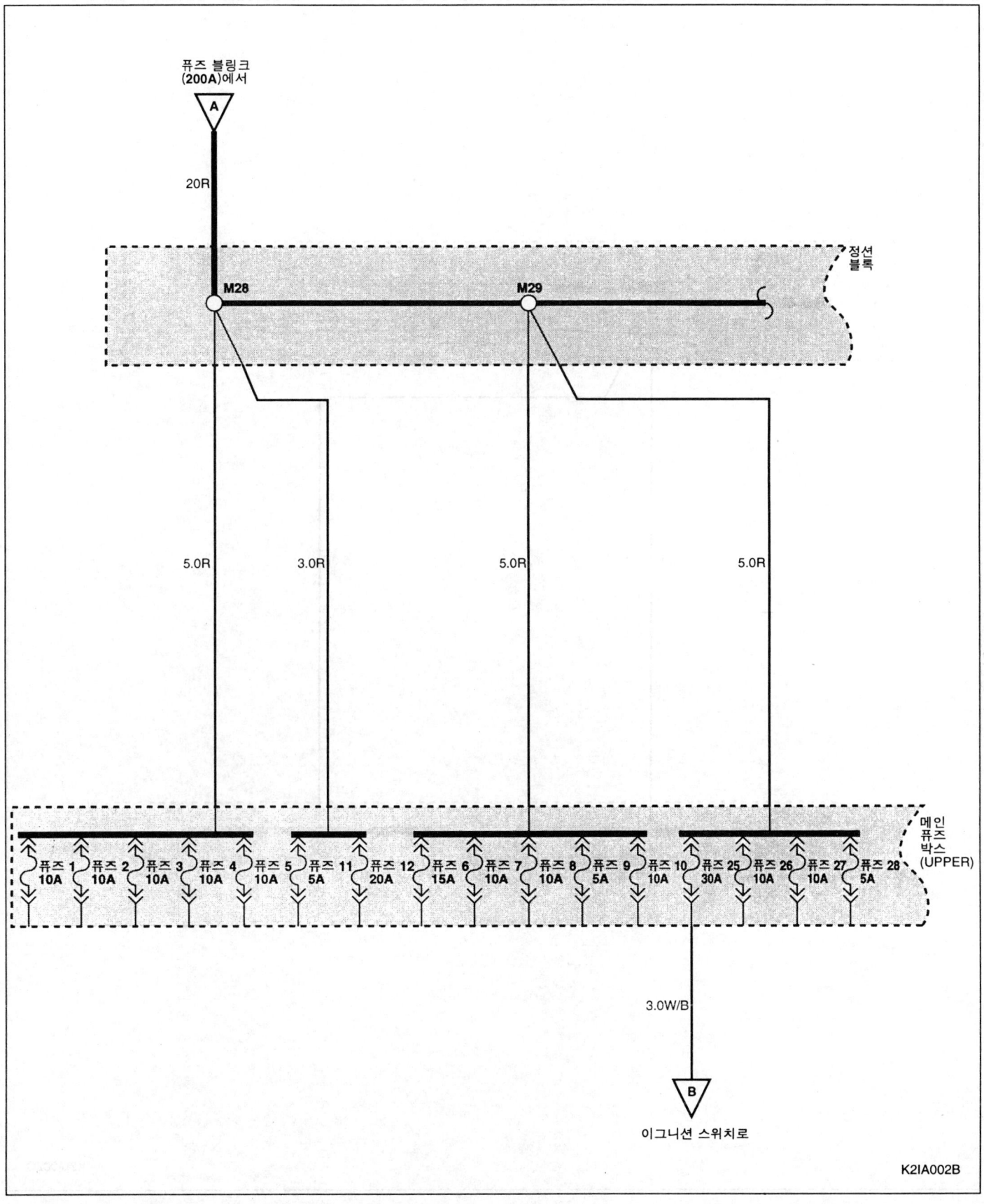

SD-10 전기 회로도

전원 배분도 (3)

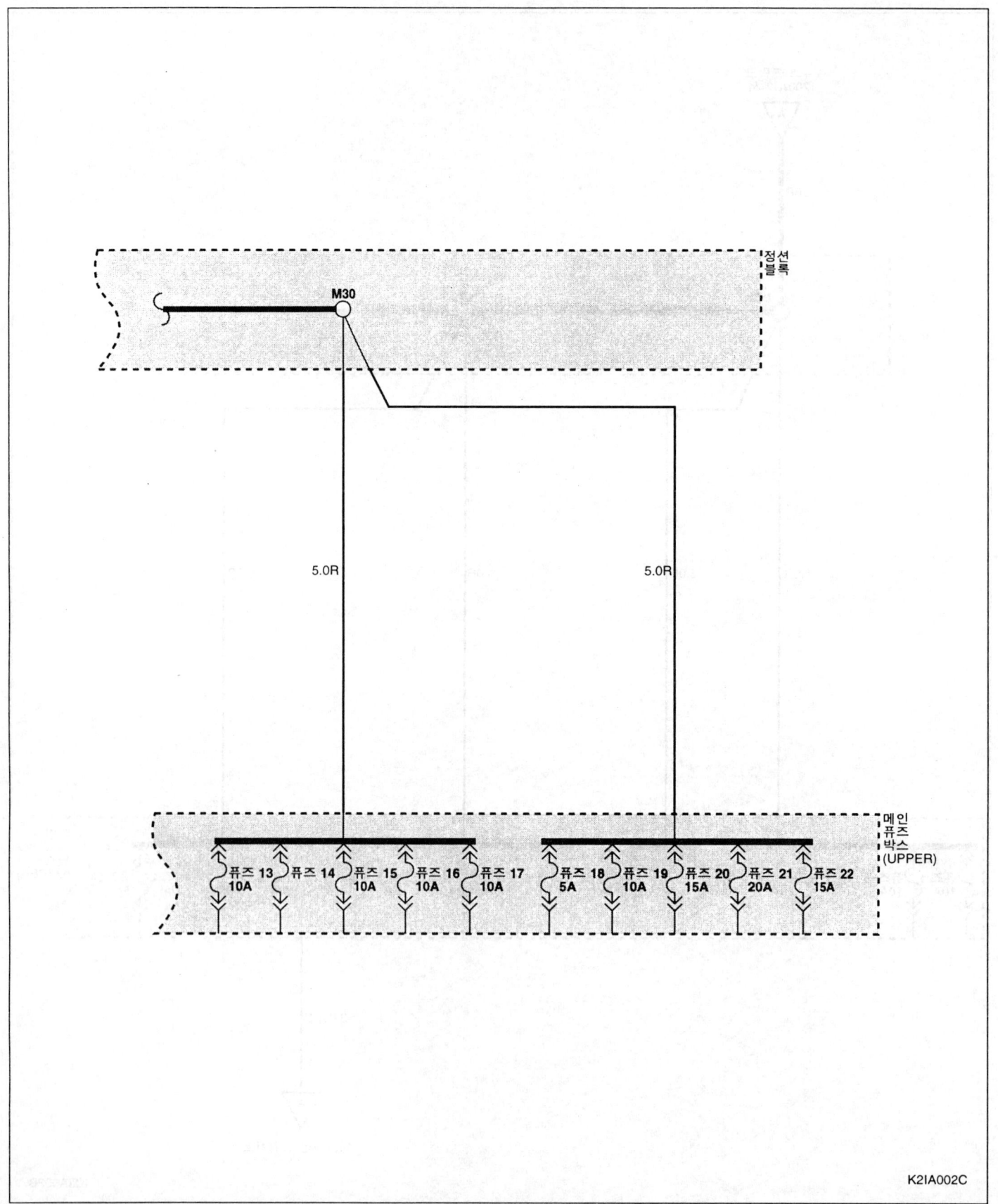

SD-11

전원 배분도 (4)

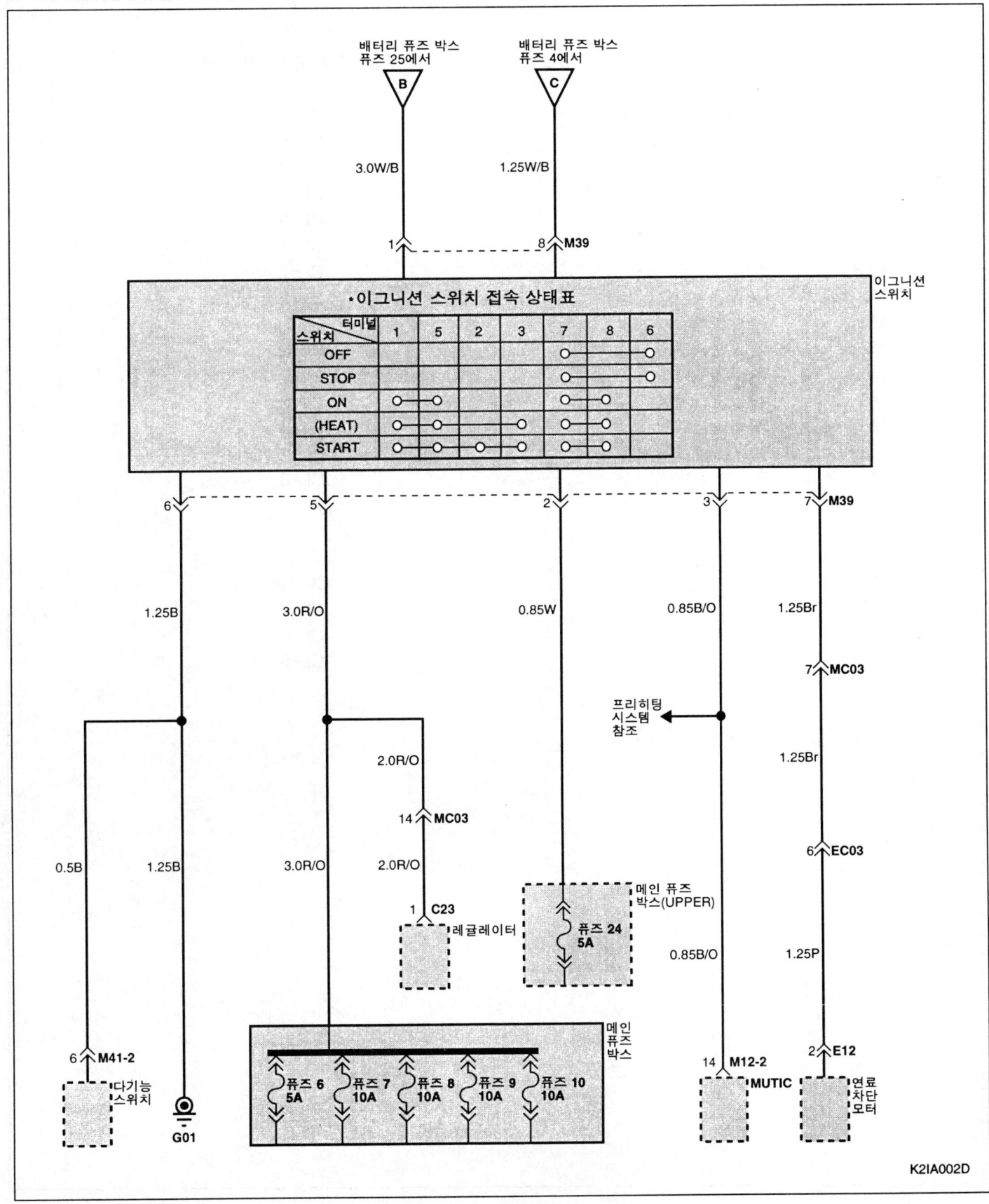

구성 부품 위치 색인표

부품		부품 위치도 - 페이지
C07	배터리 릴레이 (+)	CL-8
C08	200A 퓨즈 블링크	CL-8
C15	배터리 릴레이	CL-9
C18	에어컨 릴레이	CL-9
C23	레귤레이터	CL-9
E12	연료 차단 모터	CL-7
E13	스타트 모터 (B+)	CL-7
M12-2	MUTIC	CL-2
M28	정션 블록	CL-2
M29	정션 블록	CL-2
M30	정션 블록	CL-2
M32	배터리 스위치	CL-2
M37-3	계기판	CL-3
M39	이그니션 스위치	CL-3
M41-2	다기능 스위치	CL-3

연결 컨넥터

CC01		CL-12
EC03		CL-7
MC03		CL-6
MC04		CL-6

전원 배분도

MEMO

자기 진단 점검 단자

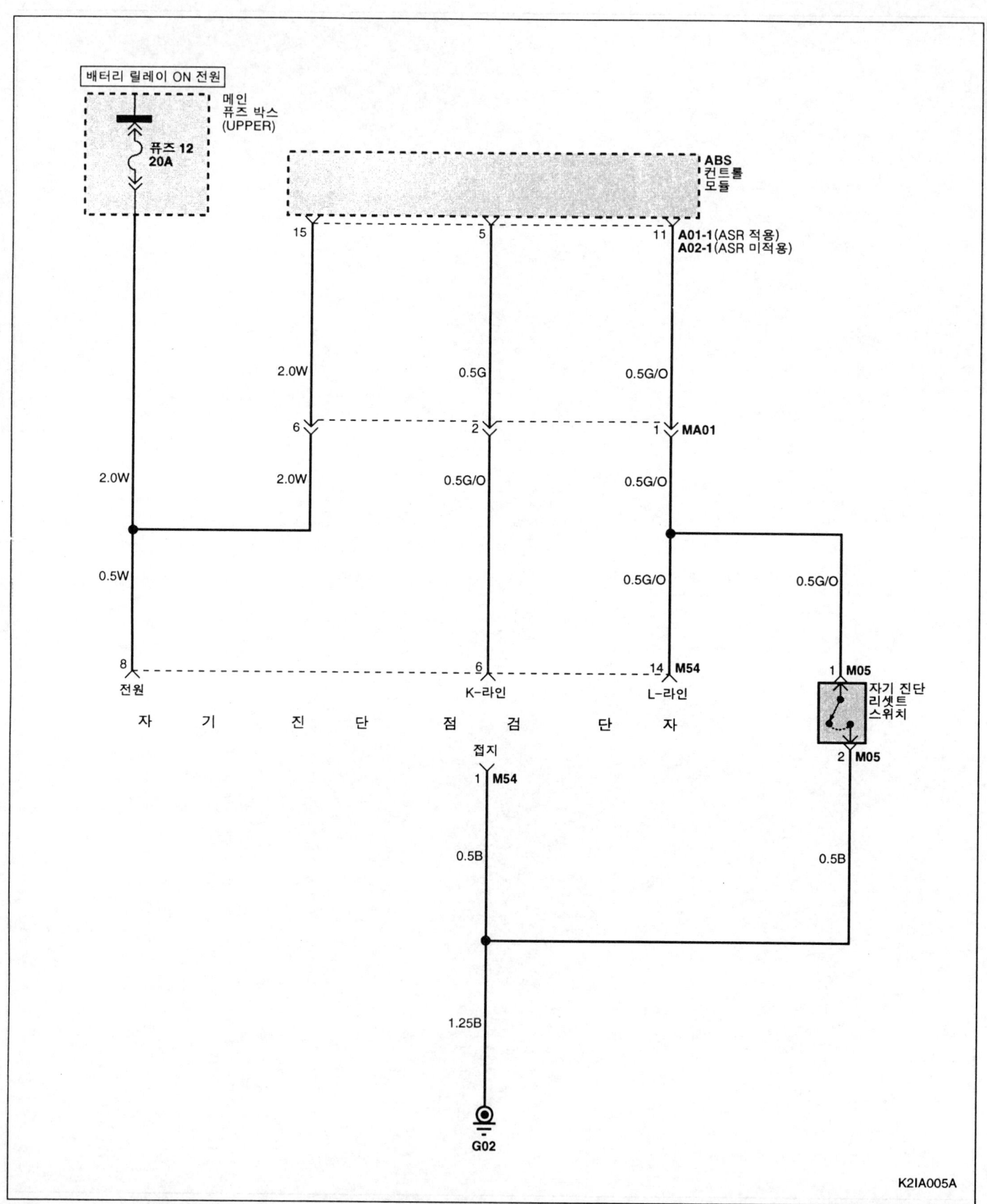

자기 진단 점검 단자

구성 부품 위치 색인표

부품   부품 위치도 - 페이지

- A01-1   ABS 컨트롤 모듈 (ASR 적용)   CL-13
- A02-1   ABS 컨트롤 모듈 (ASR 미적용)   CL-13
- M05   자기 진단 리셋트 스위치   CL-2
- M54   자기 진단 점검 단자   CL-4

연결 컨넥터

- CR02   CL-12
- MA01   CL-5
- MC02   CL-6

접지

- G02   CL-17

SD-16 전기 회로도

스타팅 & 충전 회로

스타팅 & 충전 회로 (1)

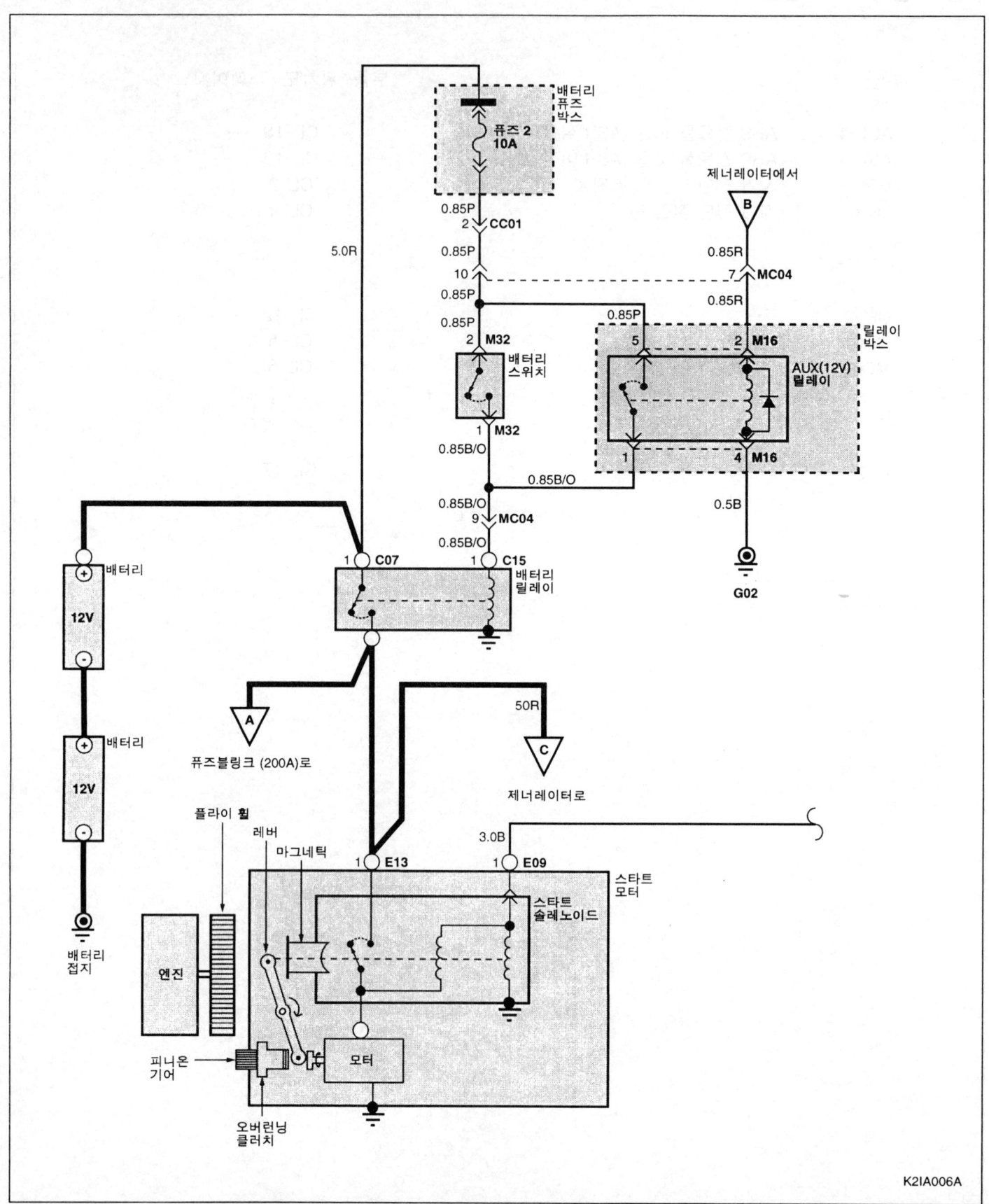

스타팅 & 충전 회로   SD-17

스타팅 & 충전 회로 (2)

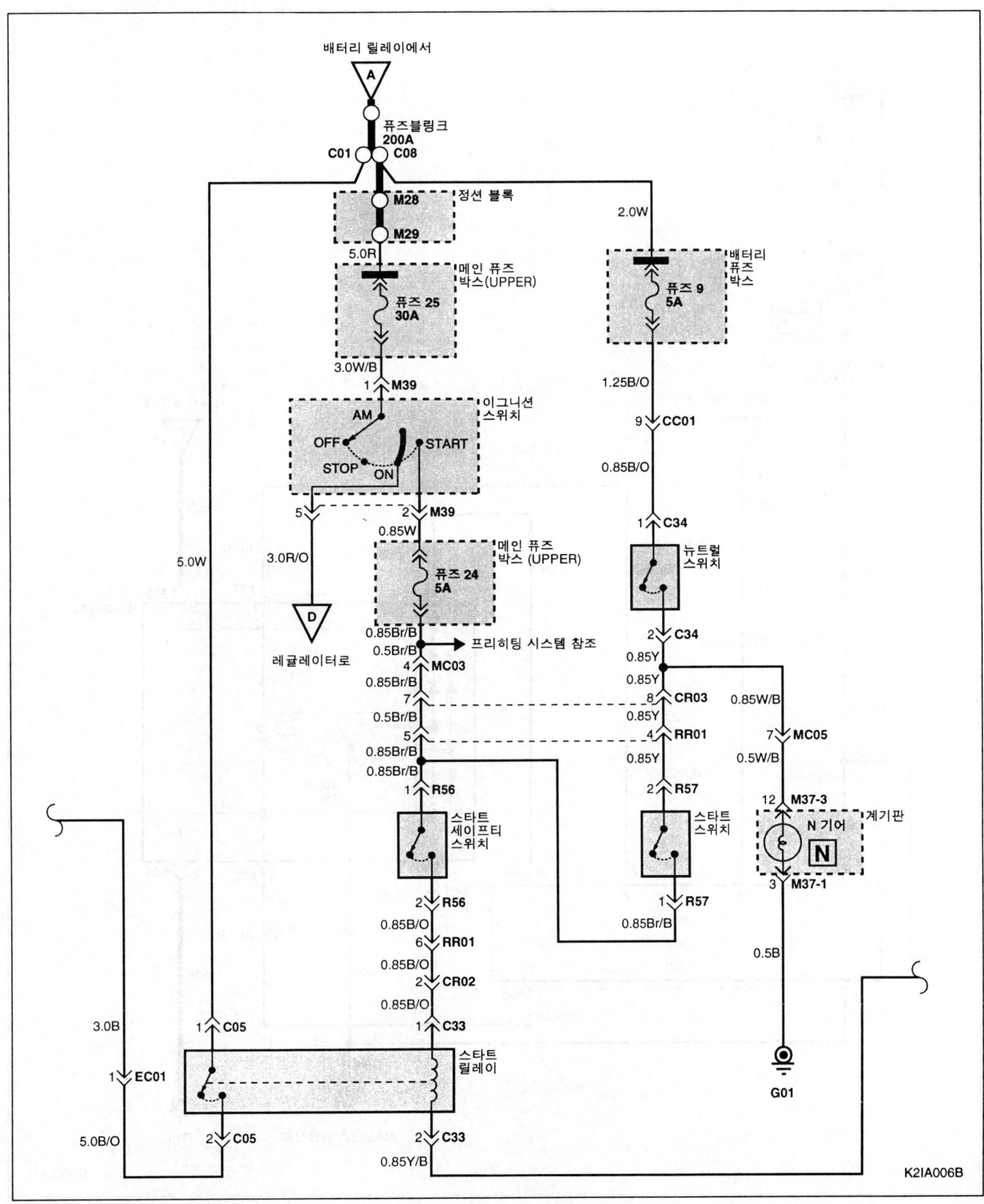

SD-18 전기 회로도

스타팅 & 충전 회로 (3)

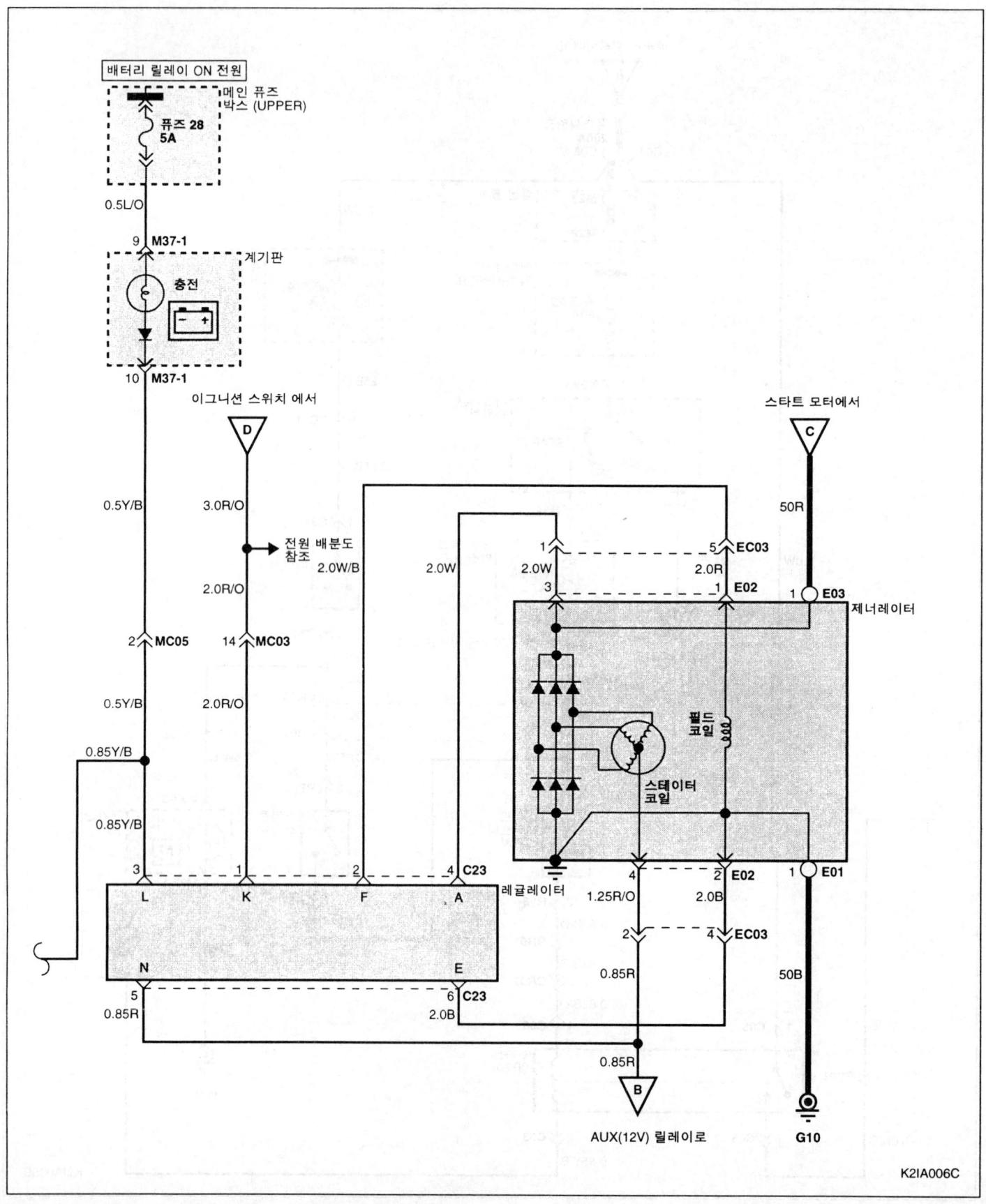

스타팅 & 충전 회로

구성 부품 위치 색인표

부품		부품 위치도 - 페이지
C01	200A 퓨즈 (OUT)	CL-8
C05	스타트 릴레이	CL-8
C07	배터리 릴레이 (+)	CL-8
C08	200A 퓨즈블링크	CL-8
C15	배터리 릴레이	CL-9
C23	레귤레이터	CL-9
C33	스타트 릴레이	CL-10
C34	뉴트럴 스위치	CL-11
E01	제너레이터 (접지)	CL-7
E02	제너레이터	CL-7
E03	제너레이터 (배터리)	CL-7
E09	스타트 솔레노이드	CL-7
E13	스타트 모터 (B+)	CL-7
M16	AUX (12V) 릴레이	CL-2
M28	정션 블록	CL-2
M29	정션 블록	CL-2
M32	배터리 스위치	CL-2
M37-1	계기판	CL-3
M37-3	계기판	CL-3
M39	이그니션 스위치	CL-3

연결 컨넥터

	부품 위치도 - 페이지
CC01	CL-12
CR02	CL-12
CR03	CL-12
EC01	CL-7
EC03	CL-7
MC03	CL-6
MC04	CL-6
MC05	CL-6
RR01	CL-16

접지

G01	CL-17
G02	CL-17

SD-20

전기 회로도

프리히팅 시스템

프리히팅 시스템 (1)

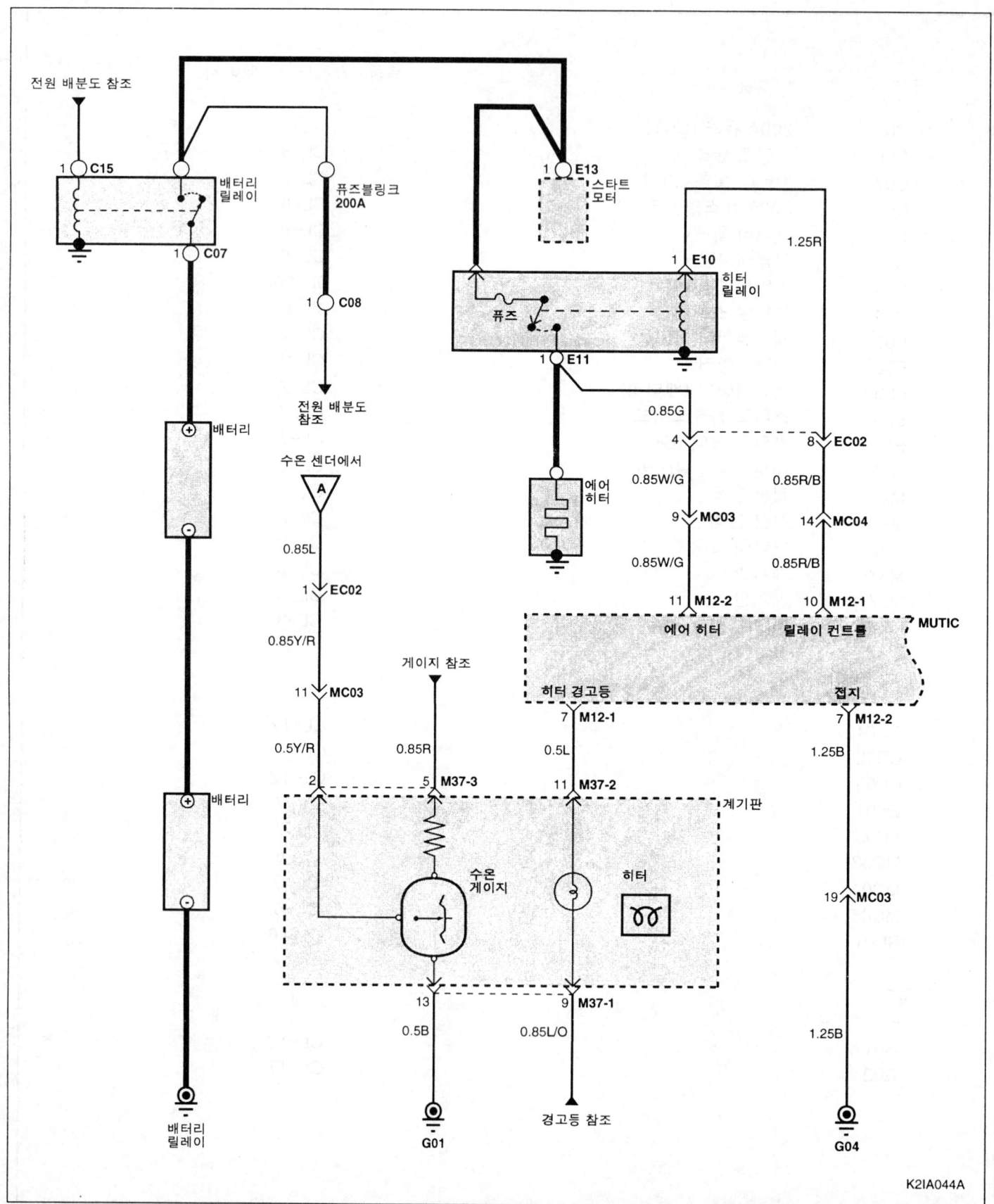

K2IA044A

프리히팅 시스템

프리히팅 시스템 (2)

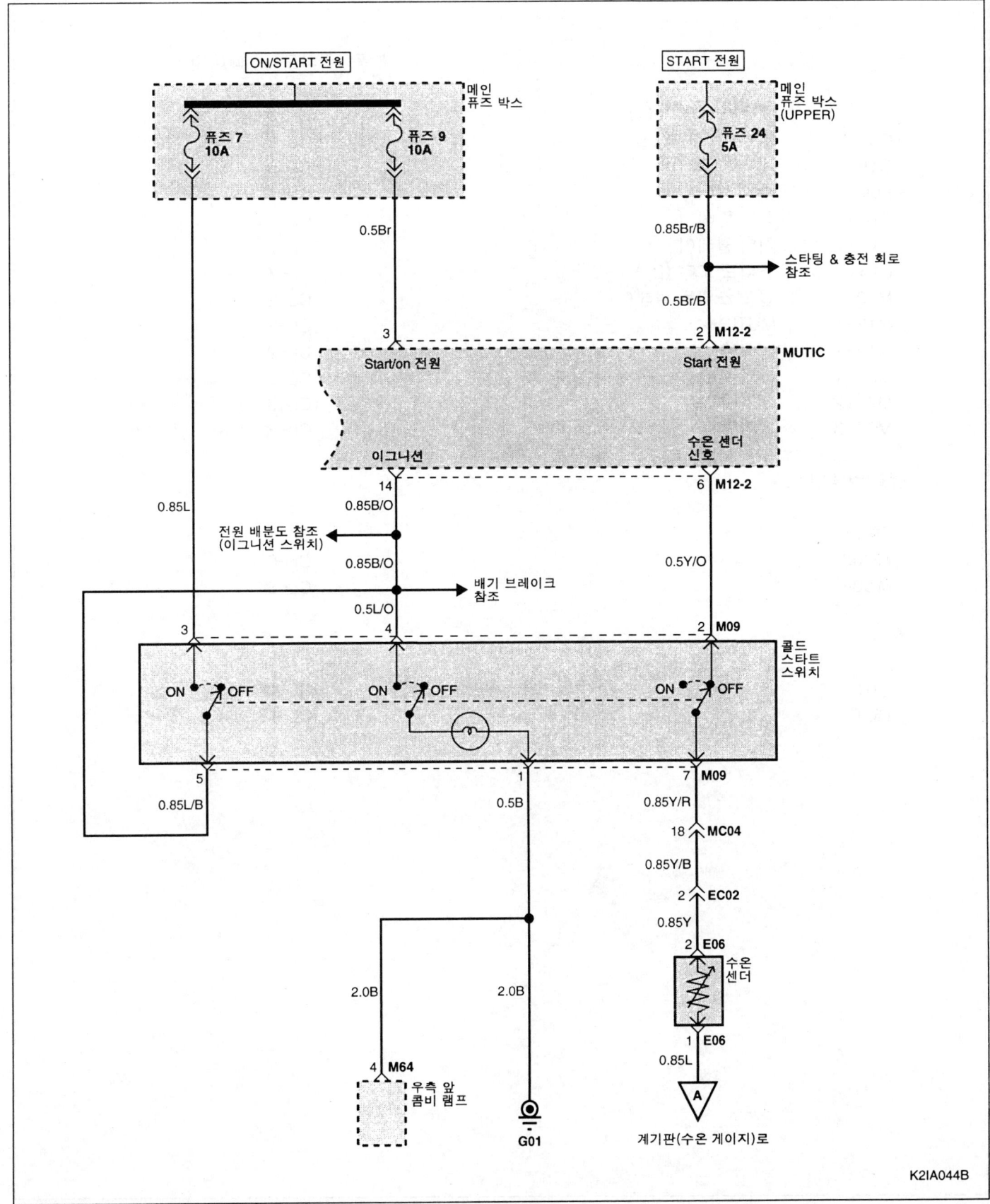

구성 부품 위치 색인표

부품		부품 위치도 - 페이지
C07	배터리 릴레이 (+)	CL-8
C08	200A 퓨즈블링크	CL-8
C15	배터리 릴레이	CL-9
E06	수온 센더	CL-7
E10	히터 릴레이	CL-7
E11	히터 릴레이	CL-7
E13	스타트 모터 (B+)	CL-7
M09	콜드 스타트 릴레이	CL-2
M12-1	MUTIC	CL-2
M12-2	MUTIC	CL-2
M37-1	계기판	CL-3
M37-2	계기판	CL-3
M37-3	계기판	CL-3

연결 컨넥터

EC02	CL-7
MC03	CL-6
MC04	CL-6

접지

G01	CL-17
G04	CL-17

MEMO

ABS (안티 록 브레이크 시스템) 회로 (ASR 적용)

ABS (안티 록 브레이크 시스템) 회로 (ASR 적용) (1)

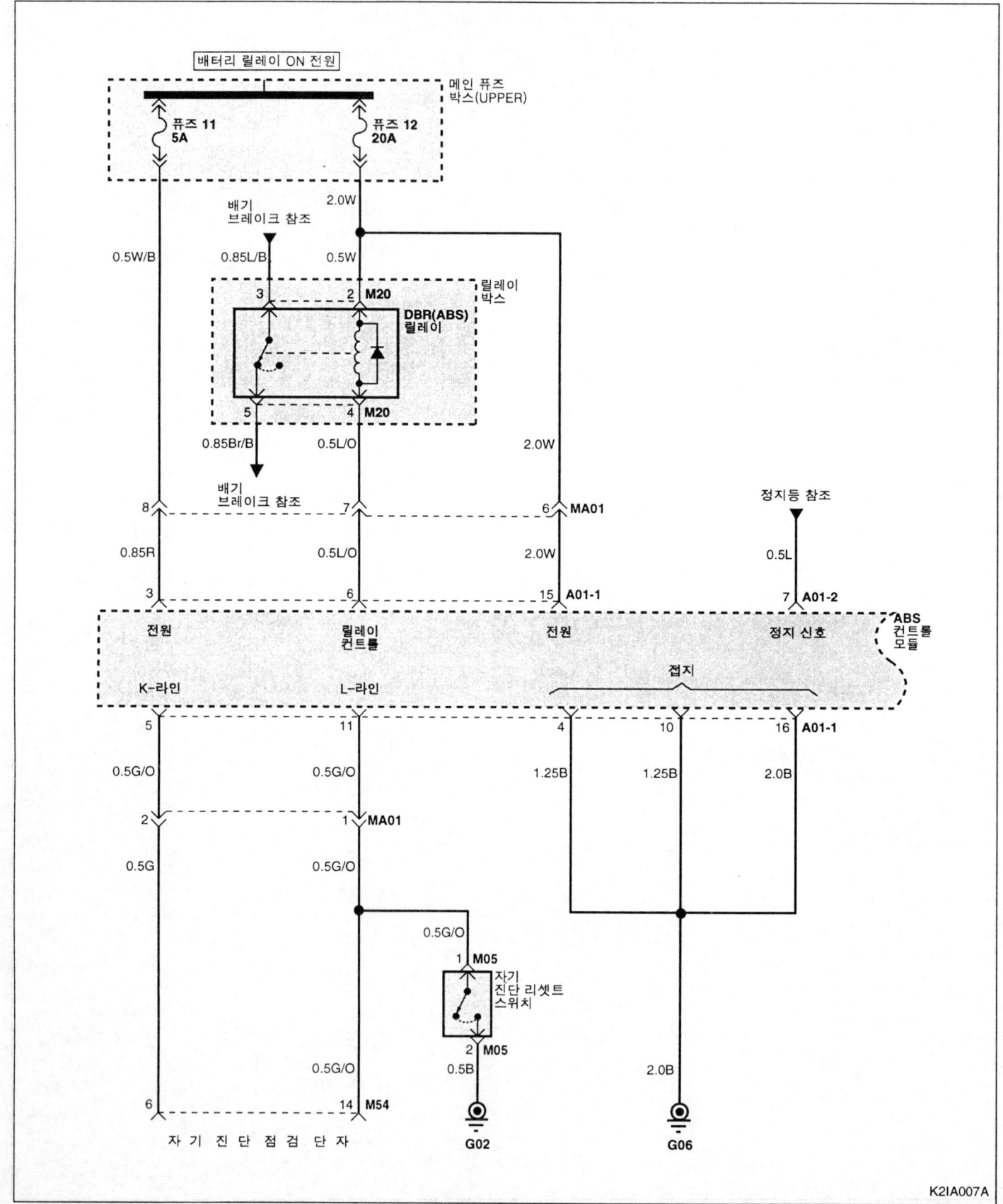

ABS (안티 록 브레이크 시스템) 회로 (ASR 적용)

ABS (안티 록 브레이크 시스템) 회로 (ASR 적용) (2)

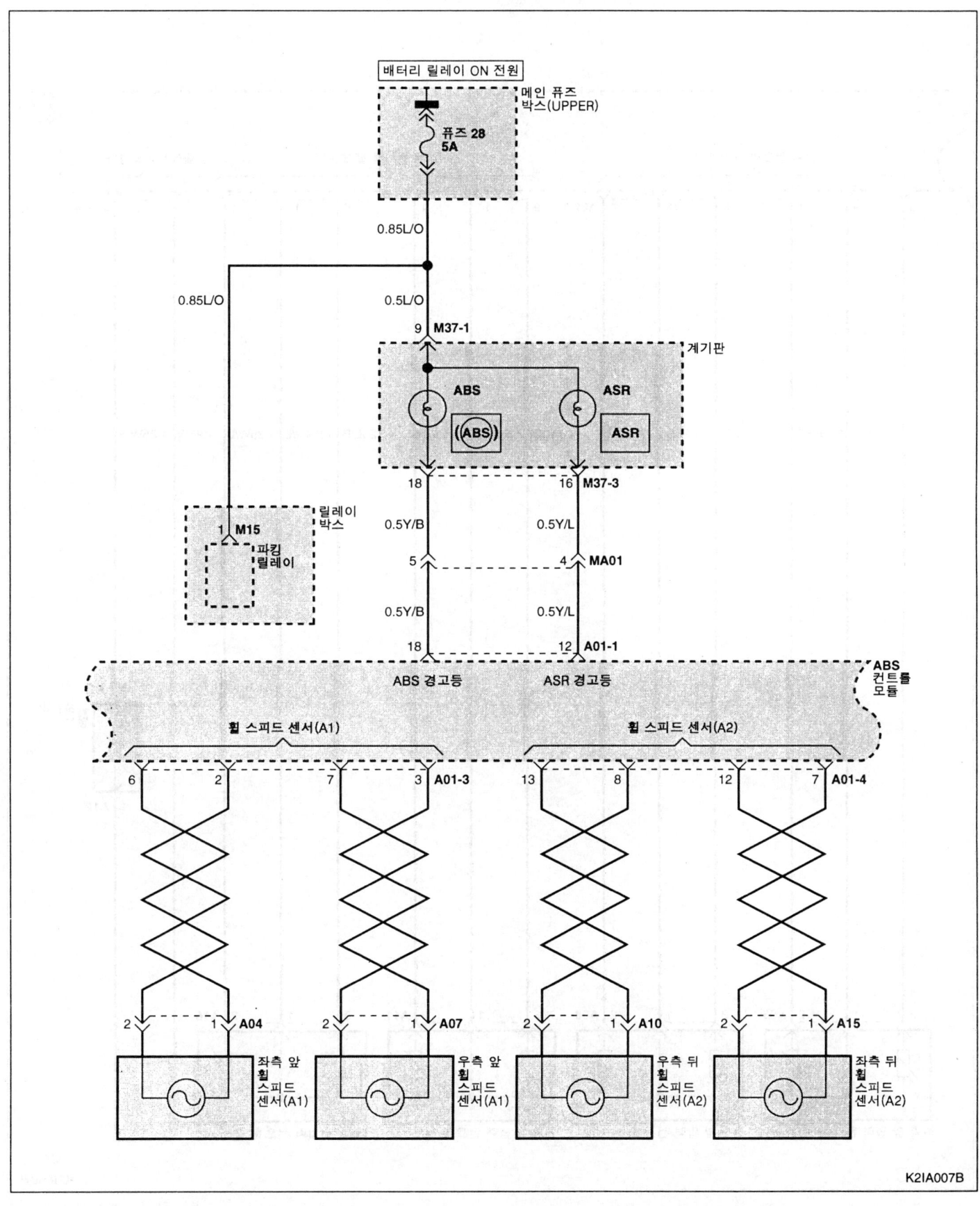

ABS (안티 록 브레이크 시스템) 회로 (ASR 적용) (3)

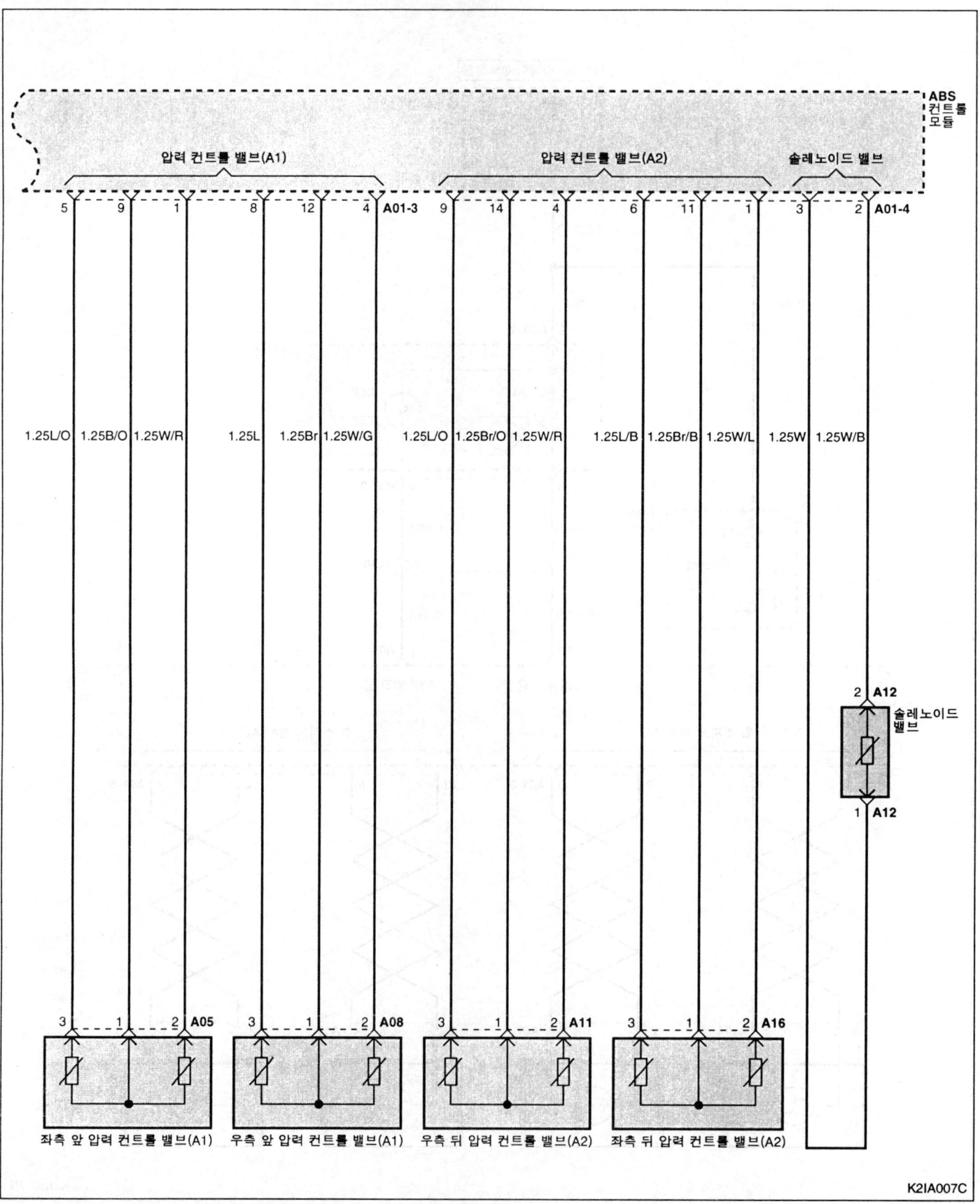

ABS (안티 록 브레이크 시스템) 회로 (ASR 적용)

구성 부품 위치 색인표

부품		부품 위치도 - 페이지
A01-1	ABS 컨트롤 모듈	CL-13
A01-2	ABS 컨트롤 모듈	CL-13
A01-3	ABS 컨트롤 모듈	CL-13
A01-4	ABS 컨트롤 모듈	CL-13
A04	좌측 앞 휠 스피드 센서 (A1)	CL-13
A05	좌측 앞 압력 컨트롤 밸브 (A1)	CL-13
A07	우측 앞 휠 스피드 센서 (A1)	CL-13
A08	우측 앞 압력 컨트롤 밸브 (A1)	CL-13
A10	우측 뒤 휠 스피드 센서 (A2)	CL-13
A11	우측 뒤 압력 컨트롤 밸브 (A2)	CL-13
A12	솔레노이드 밸브	CL-13
A15	좌측 뒤 휠 스피드 센서 (A2)	CL-13
A16	좌측 뒤 압력 컨트롤 밸브 (A2)	CL-13
M05	자기 진단 리셋트 스위치	CL-2
M15	파킹 릴레이	CL-2
M20	DBR (ABS) 릴레이	CL-2
M37-1	계기판	CL-3
M37-3	계기판	CL-3
M54	자기 진단 점검 단자	CL-4

연결 컨넥터

MA01		CL-5

접지

G02		CL-17
G06		CL-17

ABS (안티 록 브레이크 시스템) 회로 (ASR 미적용)

ABS (안티 록 브레이크 시스템) 회로 (ASR 미적용) (1)

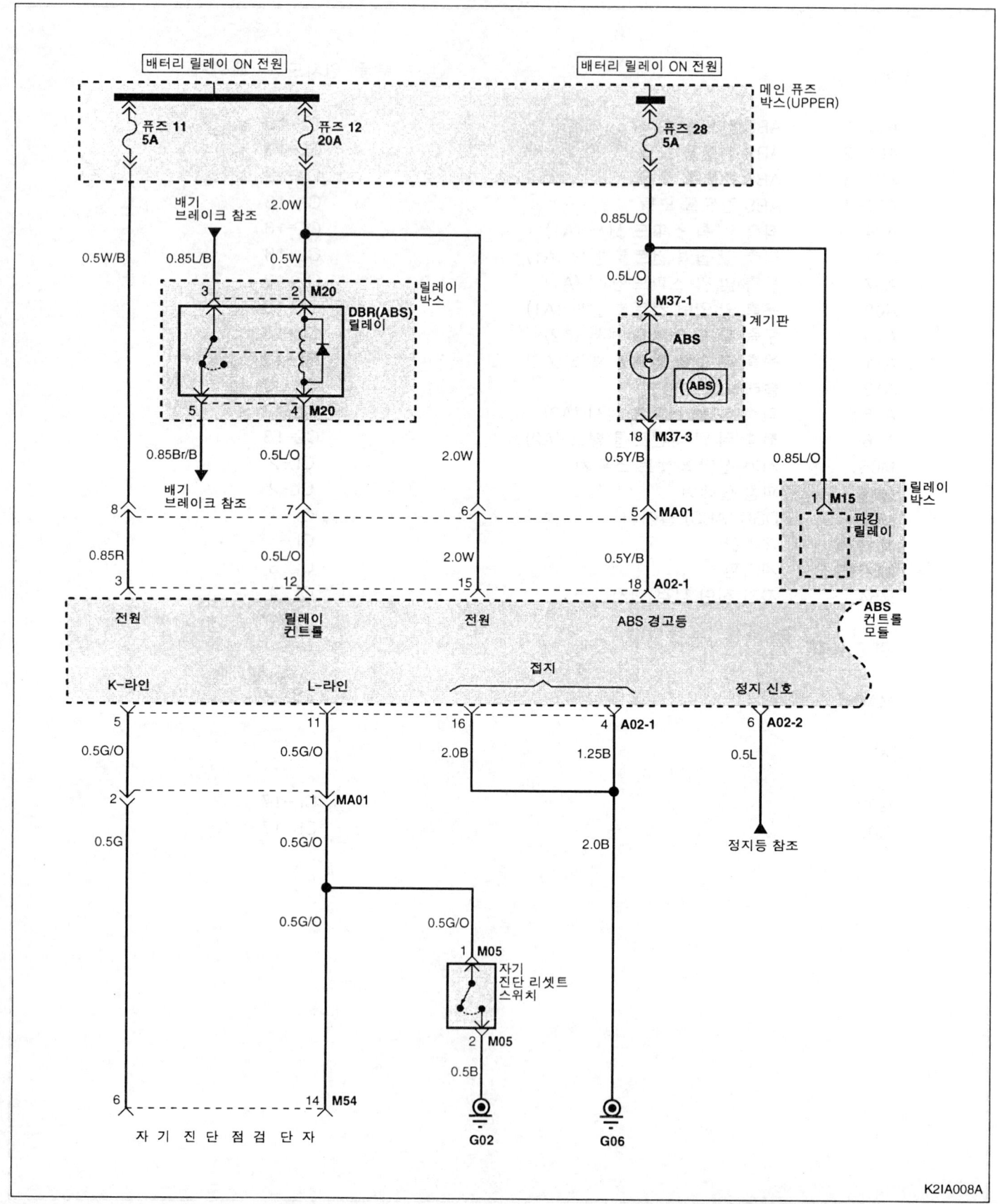

ABS (안티 록 브레이크 시스템) 회로 (ASR 미적용)

ABS (안티 록 브레이크 시스템) 회로 (ASR 미적용) (2)

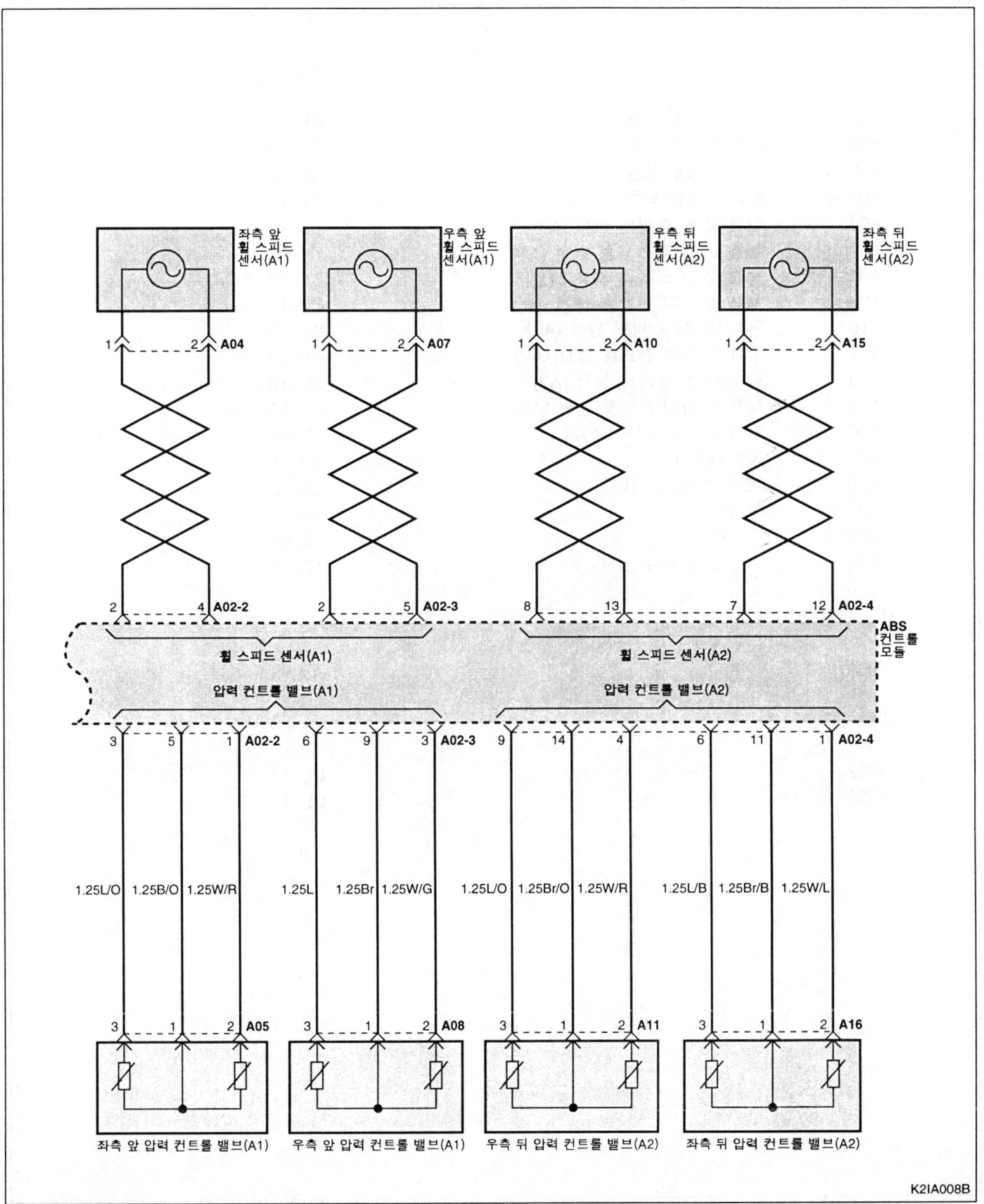

구성 부품 위치 색인표

부품		부품 위치도 - 페이지
A02-1	ABS 컨트롤 모듈	CL-13
A02-2	ABS 컨트롤 모듈	CL-13
A02-3	ABS 컨트롤 모듈	CL-13
A02-4	ABS 컨트롤 모듈	CL-13
A04	좌측 앞 휠 스피드 센서 (A1)	CL-13
A05	좌측 앞 압력 컨트롤 밸브 (A1)	CL-13
A07	우측 앞 휠 스피드 센서 (A1)	CL-13
A08	우측 앞 압력 컨트롤 밸브 (A1)	CL-13
A10	우측 뒤 휠 스피드 센서 (A2)	CL-13
A11	우측 뒤 압력 컨트롤 밸브 (A2)	CL-13
A15	좌측 뒤 휠 스피드 센서 (A2)	CL-13
A16	좌측 뒤 압력 컨트롤 밸브 (A2)	CL-13
M05	자기 진단 리셋트 스위치	CL-2
M15	파킹 릴레이	CL-2
M20	DBR (ABS) 릴레이	CL-2
M37-1	계기판	CL-3
M37-3	계기판	CL-3
M54	자기 진단 점검 단자	CL-4

연결 컨넥터

MA01		CL-5

접지

G02		CL-17
G06		CL-17

MEMO

SD-32

브레이크 경고

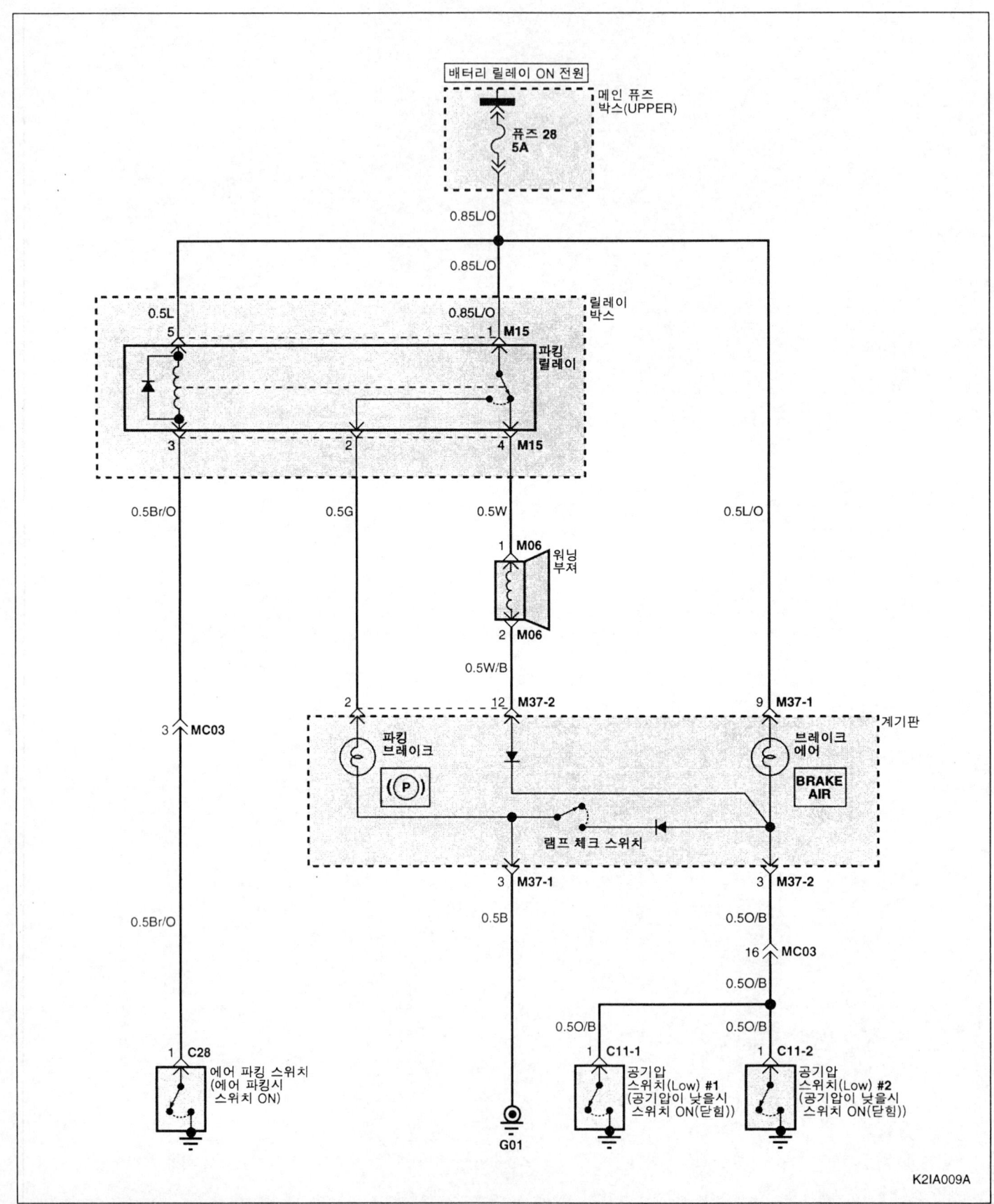

브레이크 경고

구성 부품 위치 색인표

부품		부품 위치도 - 페이지
C11-1	공기압 스위치 (LOW) #1	CL-8
C11-2	공기압 스위치 (LOW) #2	CL-8
C28	에어 파킹 스위치	CL-10
M06	워닝 부져	CL-2
M15	파킹 릴레이	CL-2
M37-1	계기판	CL-3
M37-2	계기판	CL-3

연결 컨넥터

MC03	CL-6

접지

G01	CL-17

배기 브레이크

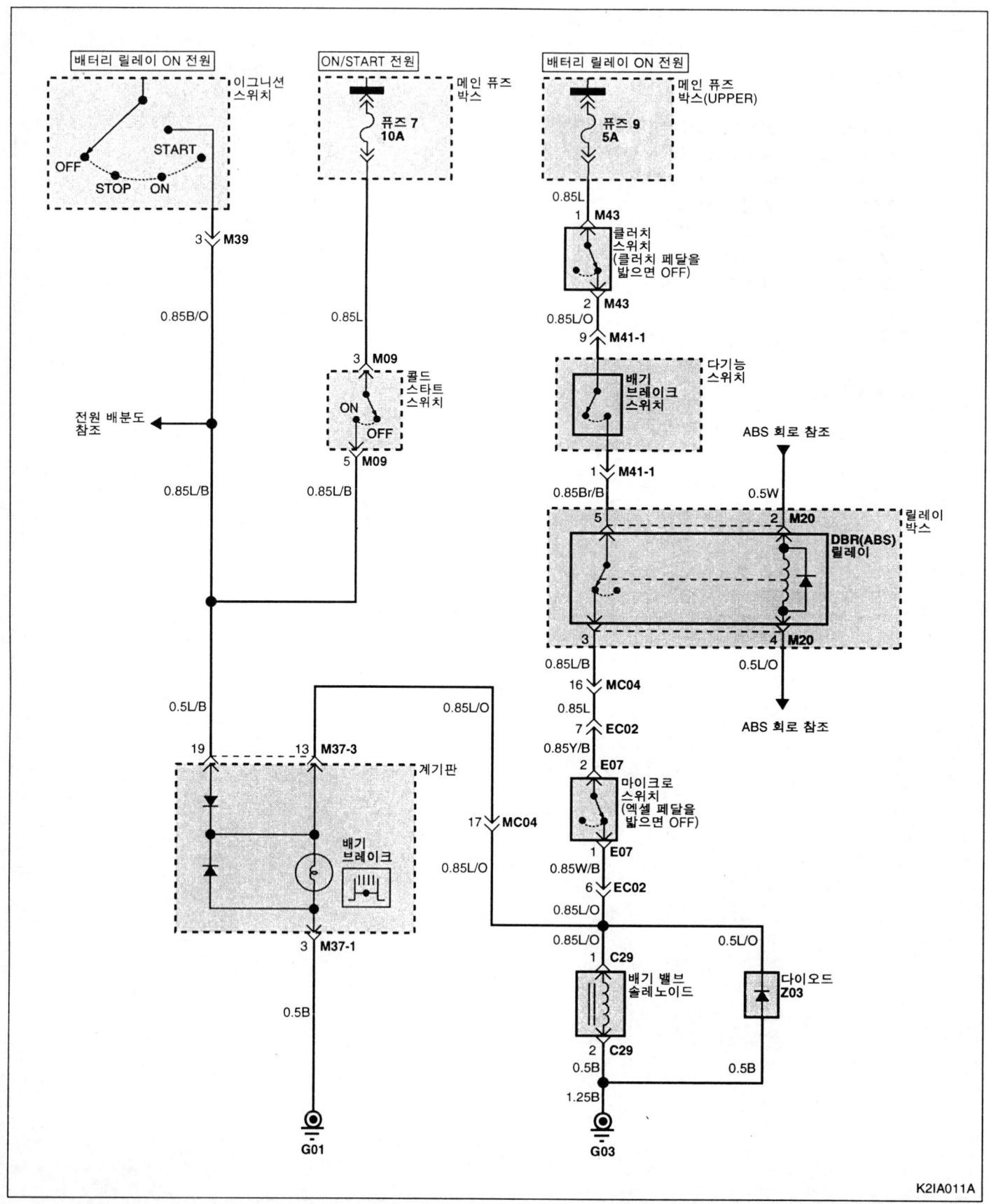

배기 브레이크

구성 부품 위치 색인표

부품		부품 위치도 - 페이지
C29	배기 밸브 솔레노이드	CL-10
E07	마이크로 스위치	CL-7
M09	콜드 스타트 스위치	CL-2
M20	DBR (ABS) 릴레이	CL-2
M37-1	계기판	CL-3
M37-3	계기판	CL-3
M39	이그니션 스위치	CL-3
M41-1	다기능 스위치	CL-3
M43	클러치 스위치	CL-3

연결 컨넥터

EC02		CL-7
MC04		CL-6

접지

G01		CL-17
G03		CL-17

SD-36

시거 라이터 & 프런트 콘센트

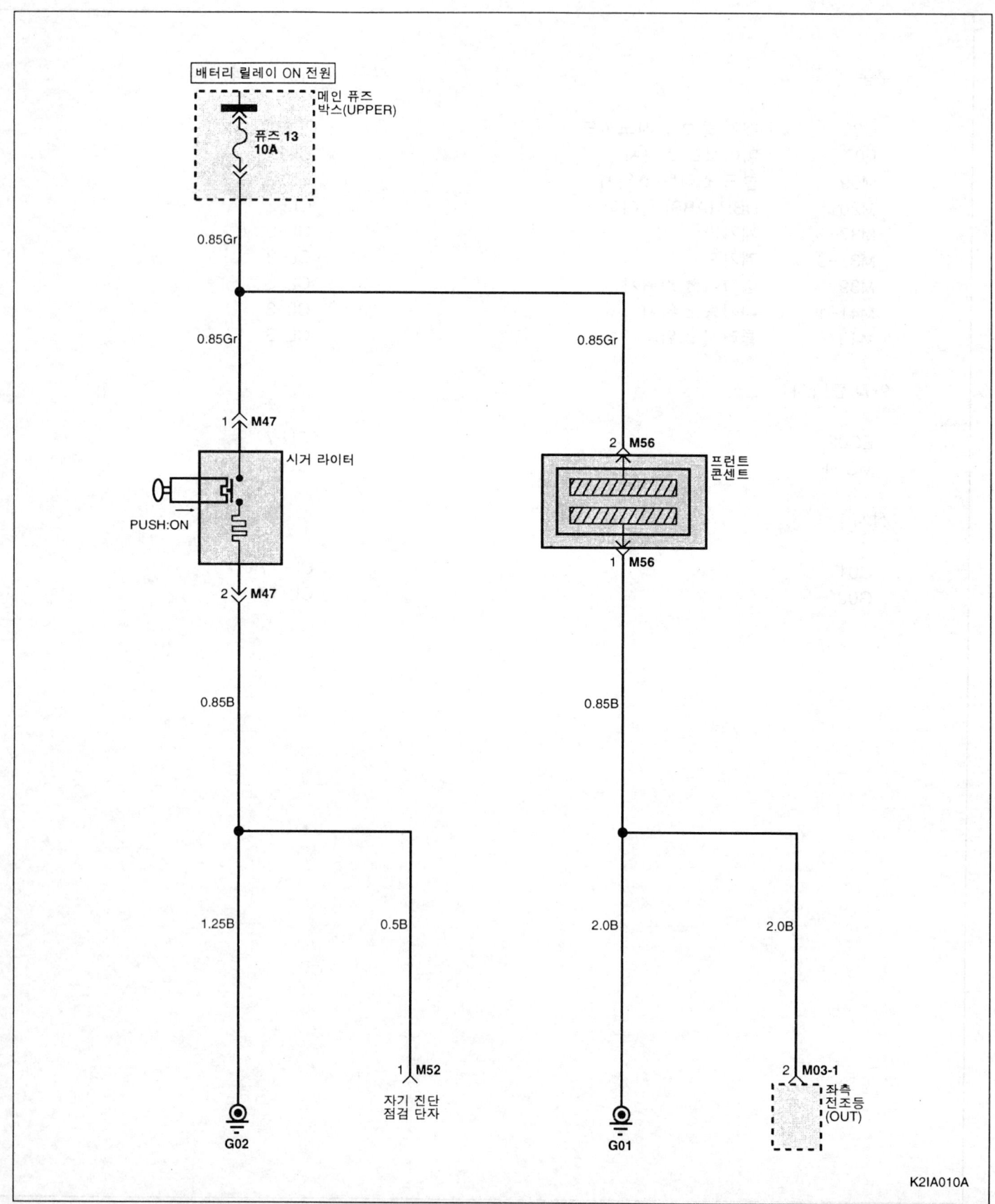

시거 라이터 & 프런트 콘센트

구성 부품 위치 색인표

부품		부품 위치도 - 페이지
M47	시거 라이터	CL-3
M56	프런트 콘센트	CL-4

접지		
G01		CL-17
G02		CL-17

MUTIC 회로

MUTIC 회로 (1)

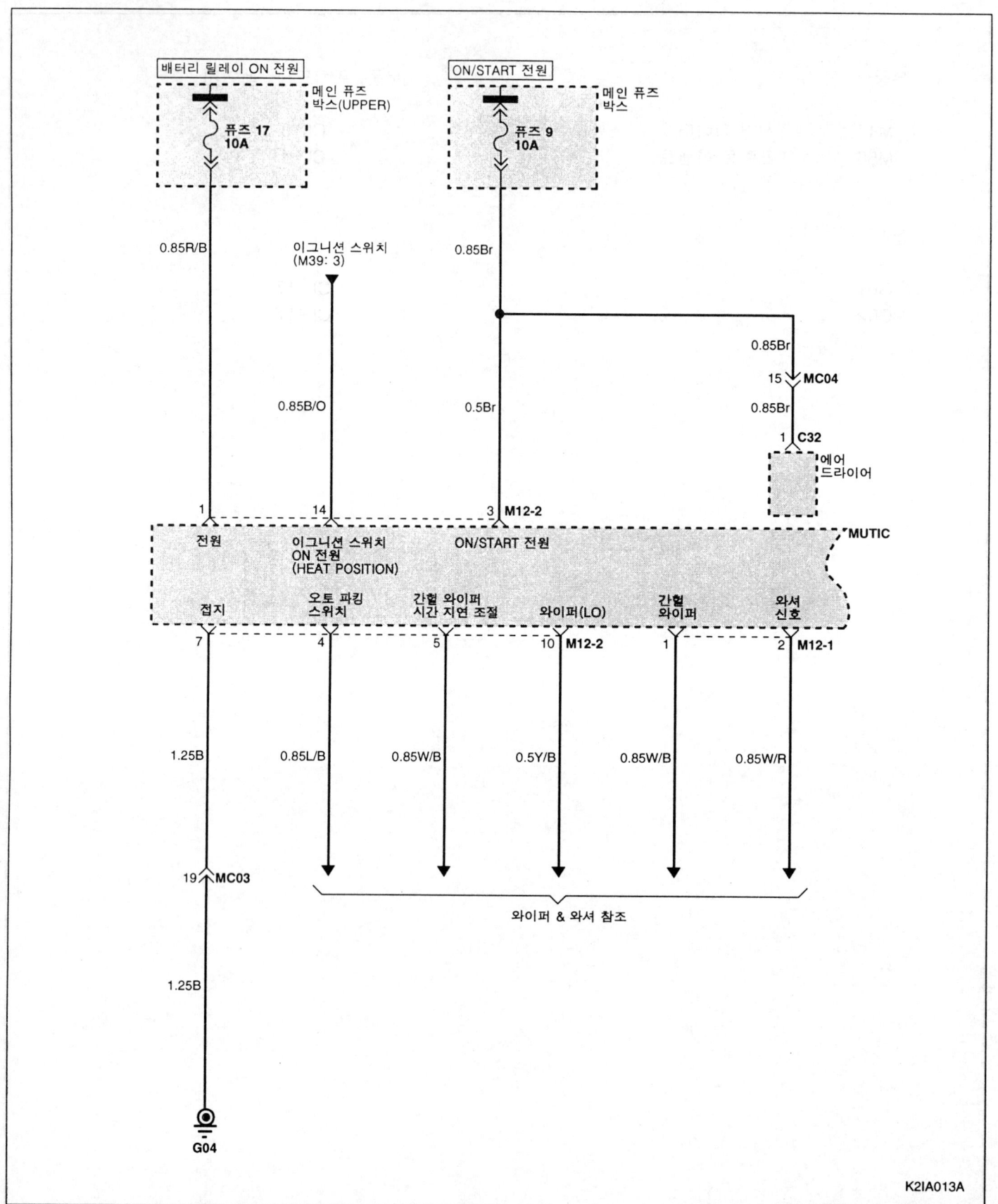

MUTIC 회로

MUTIC 회로 (2)

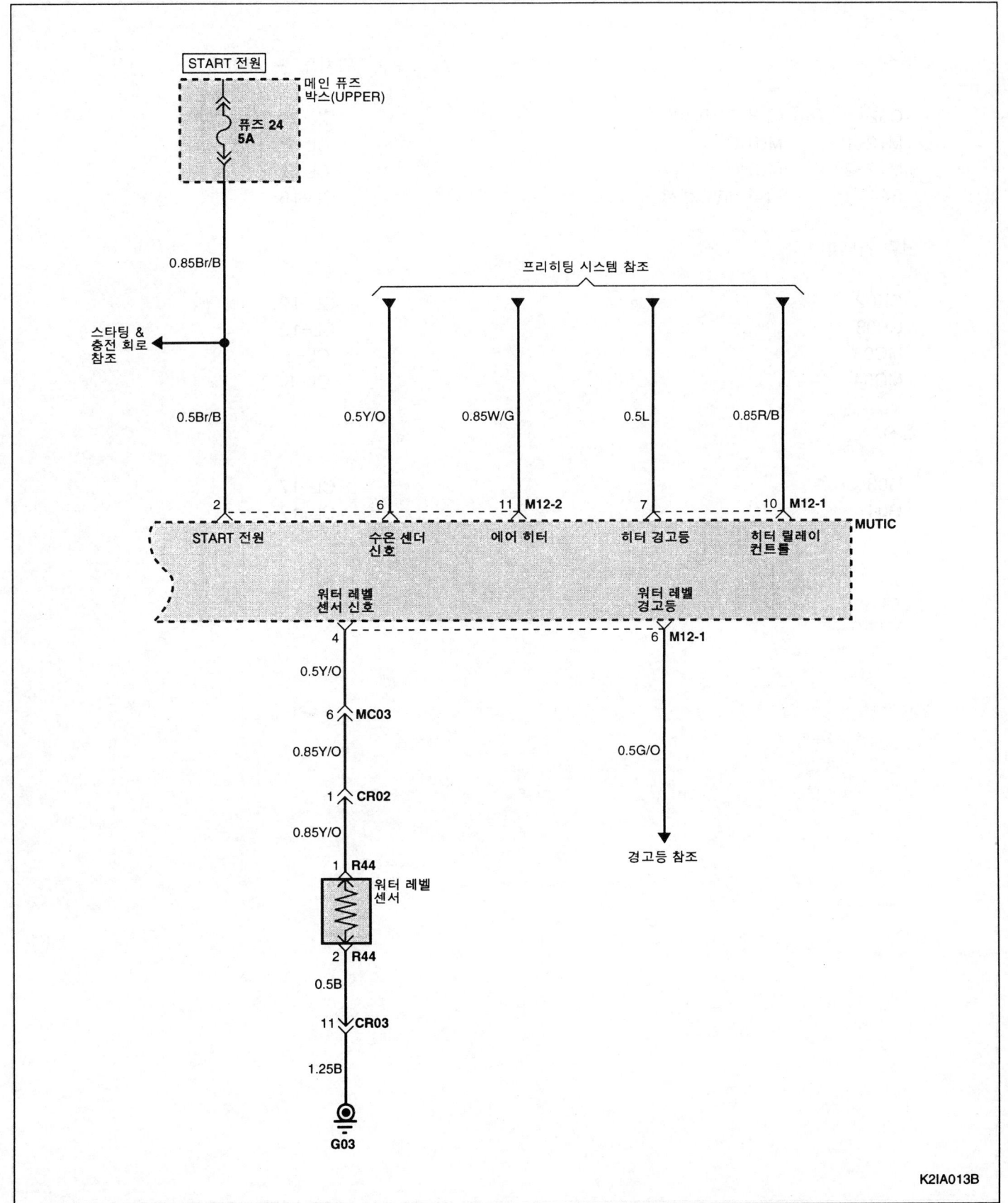

구성 부품 위치 색인표

부품		부품 위치도 - 페이지
C32	에어 드라이어	CL-10
M12-1	MUTIC	CL-2
M12-2	MUTIC	CL-2
R44	워터 레벨 센서	CL-16

연결 컨넥터

CR02	CL-12
CR03	CL-12
MC03	CL-6
MC04	CL-6

접지

G03	CL-17
G04	CL-17

MUTIC 회로

MEMO

와이퍼 & 와셔

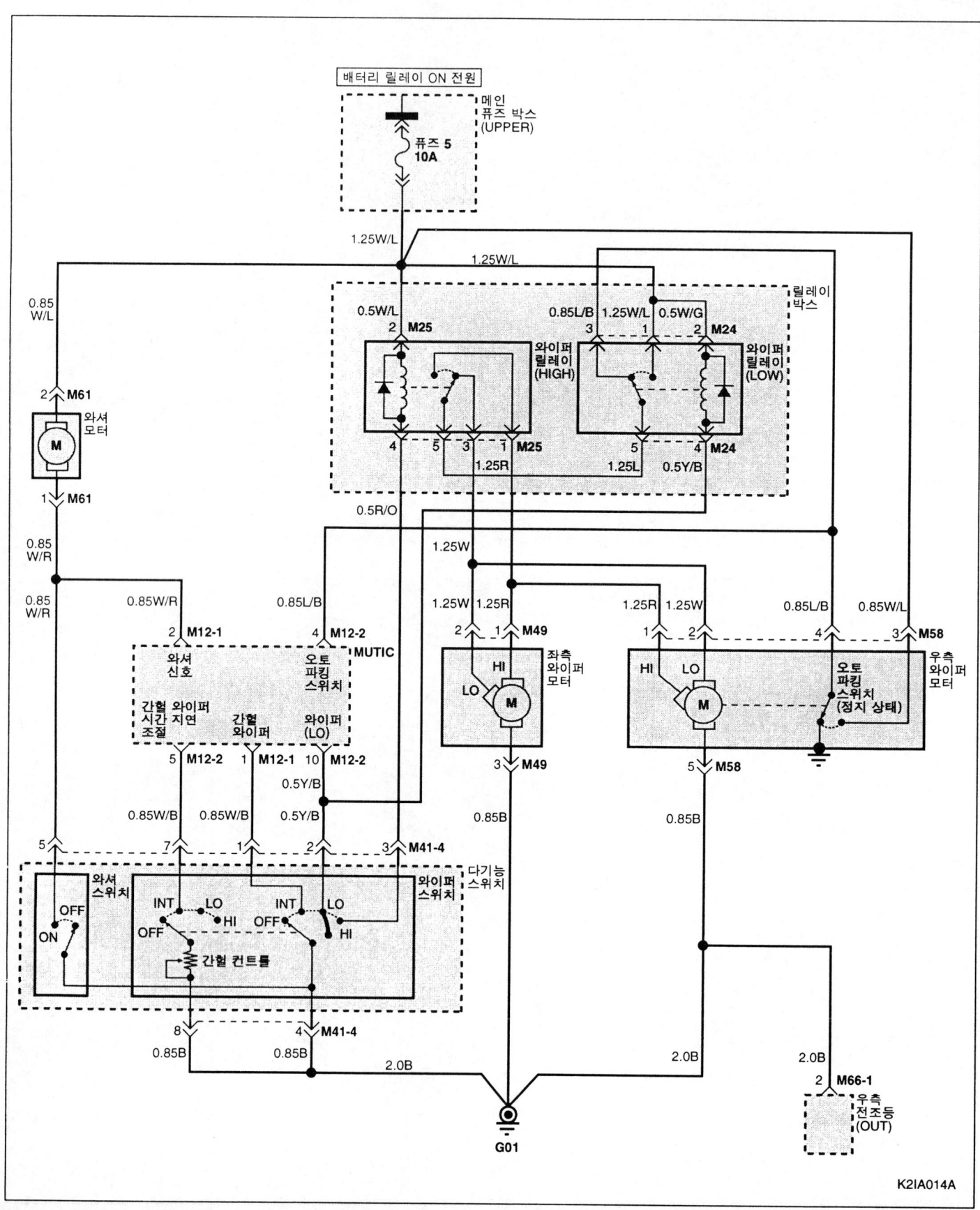

와이퍼 & 와셔

구성 부품 위치 색인표

부품		부품 위치도 - 페이지
M12-1	MUTIC	CL-2
M12-2	MUTIC	CL-2
M24	와이퍼 릴레이 (LOW)	CL-2
M25	와이퍼 릴레이 (HIGH)	CL-2
M41-4	다기능 스위치	CL-3
M49	좌측 와이퍼 모터	CL-4
M58	우측 와이퍼 모터	CL-4
M61	와셔 모터	CL-4

접지

| G01 | | CL-17 |

차속 센서

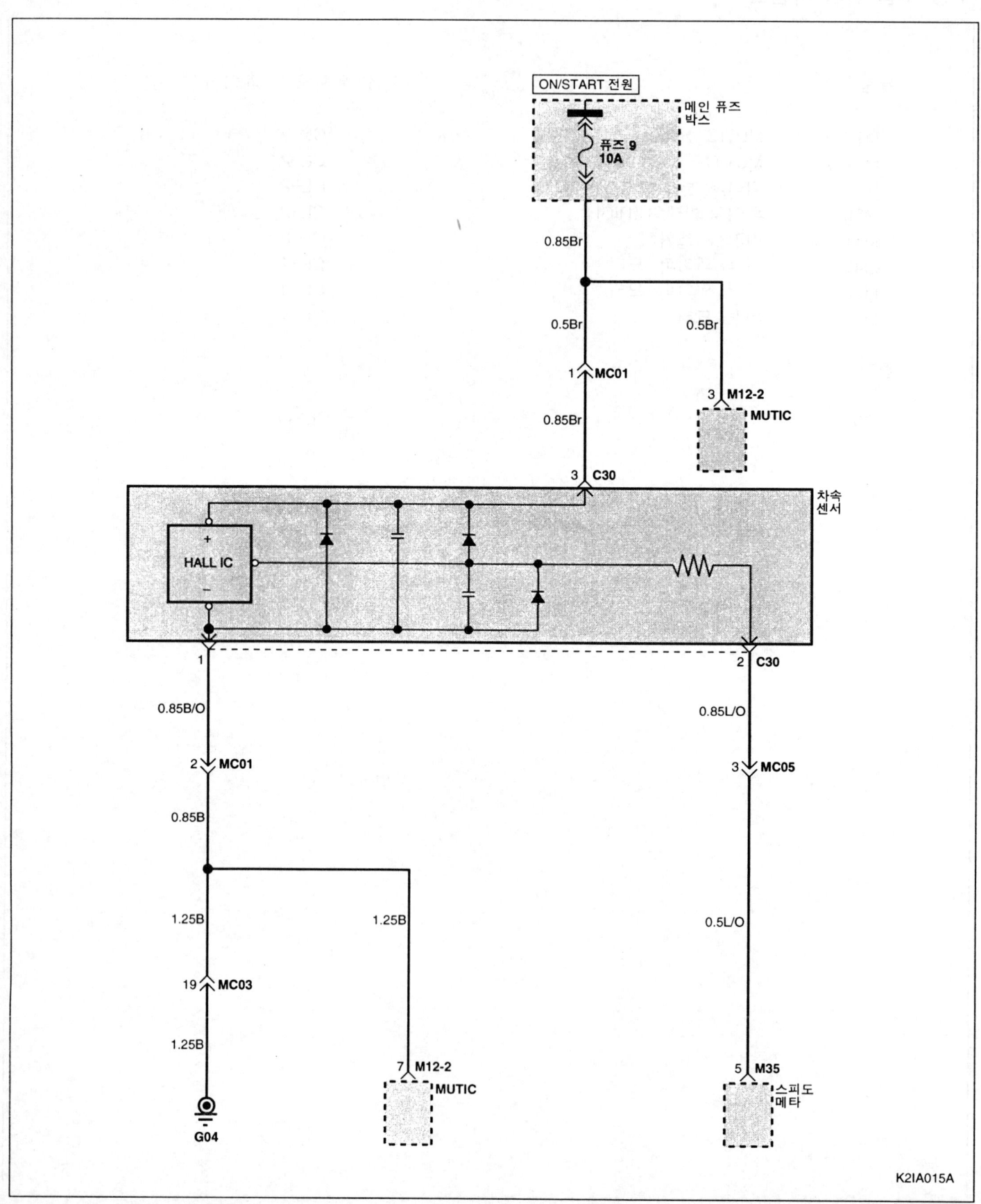

차속 센서

차속 센서

구성 부품 위치 색인표

부품		부품 위치도 – 페이지
C30	차속 센서	CL-10
M12-2	MUTIC	CL-2
M35	스피도 메타	CL-3

연결 컨넥터

MC01	CL-6
MC03	CL-6
MC05	CL-6

접지

| G04 | CL-17 |

타코그래프

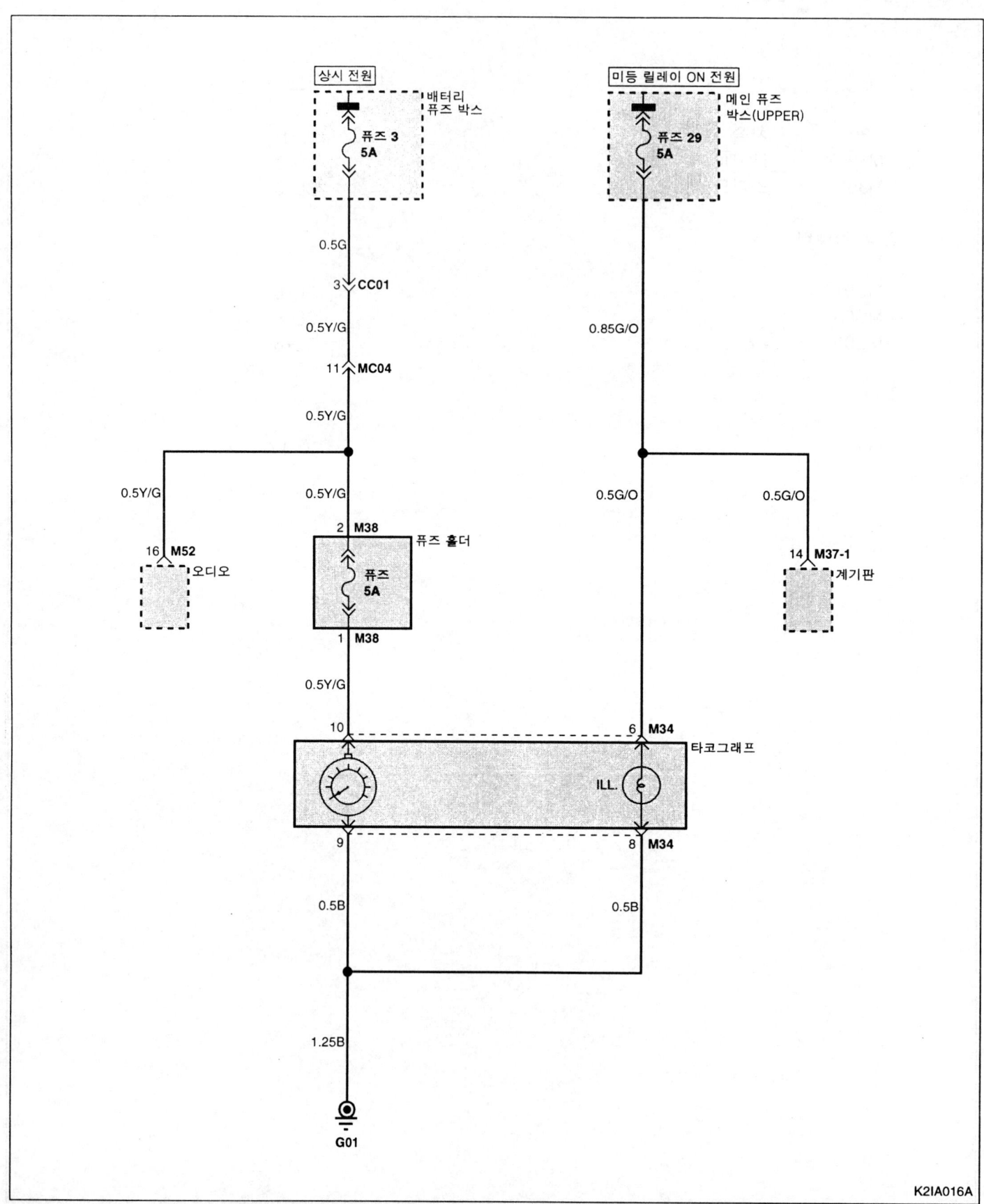

타코그래프 SD-47

구성 부품 위치 색인표

부품		부품 위치도 - 페이지
M34	타코그래프	CL-3
M37-1	계기판	CL-3
M38	퓨즈 홀더	CL-3
M52	오디오	CL-4

연결 컨넥터

CC01		CL-12
MC04		CL-6

접지

G01	CL-17

스피도 메타

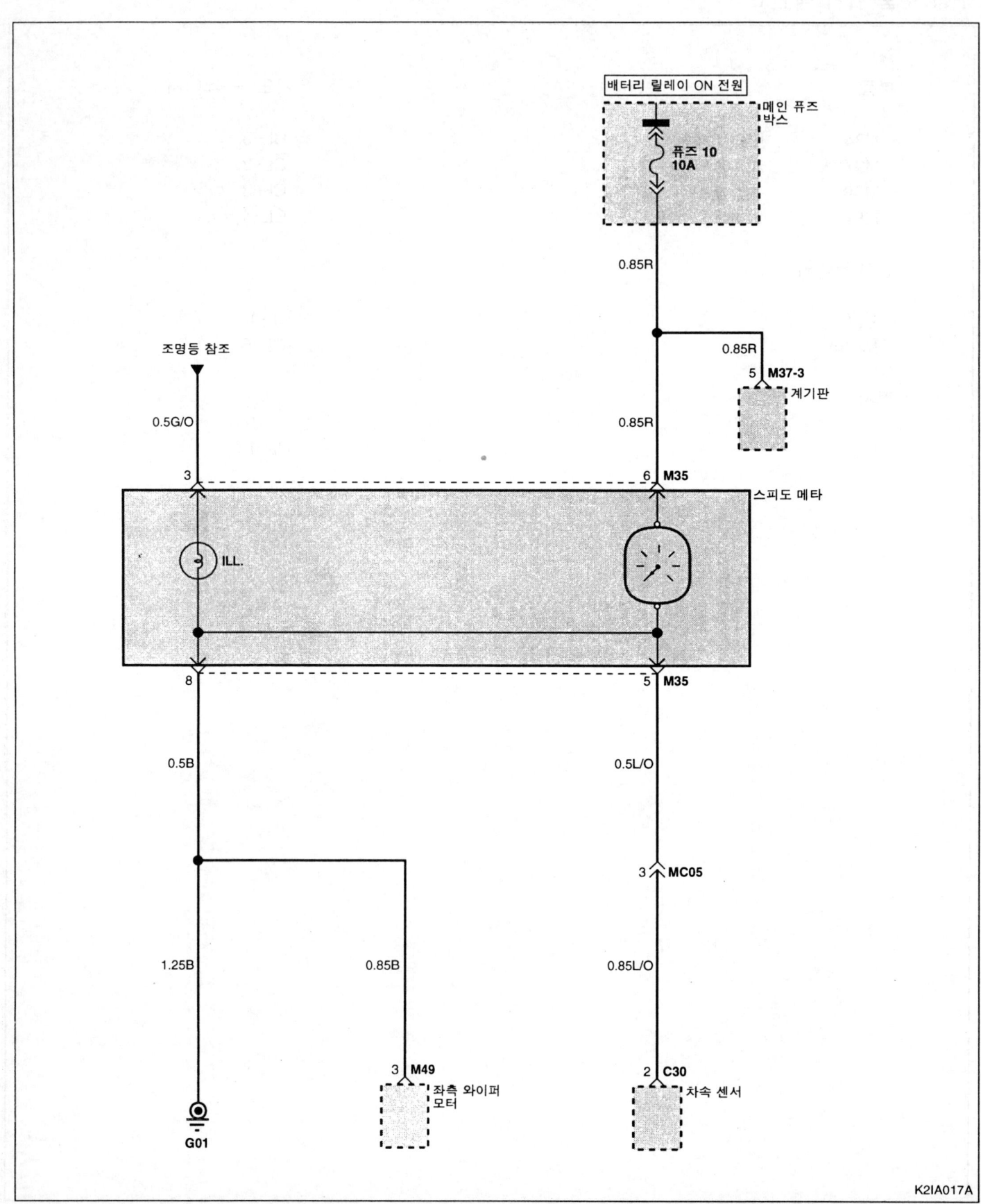

스피도 메타

구성 부품 위치 색인표

부품		부품 위치도 - 페이지
C30	차속 센서	CL-10
M35	스피도 메타	CL-3

연결 컨넥터

MC05   CL-6

접지

G01   CL-17

프리히터

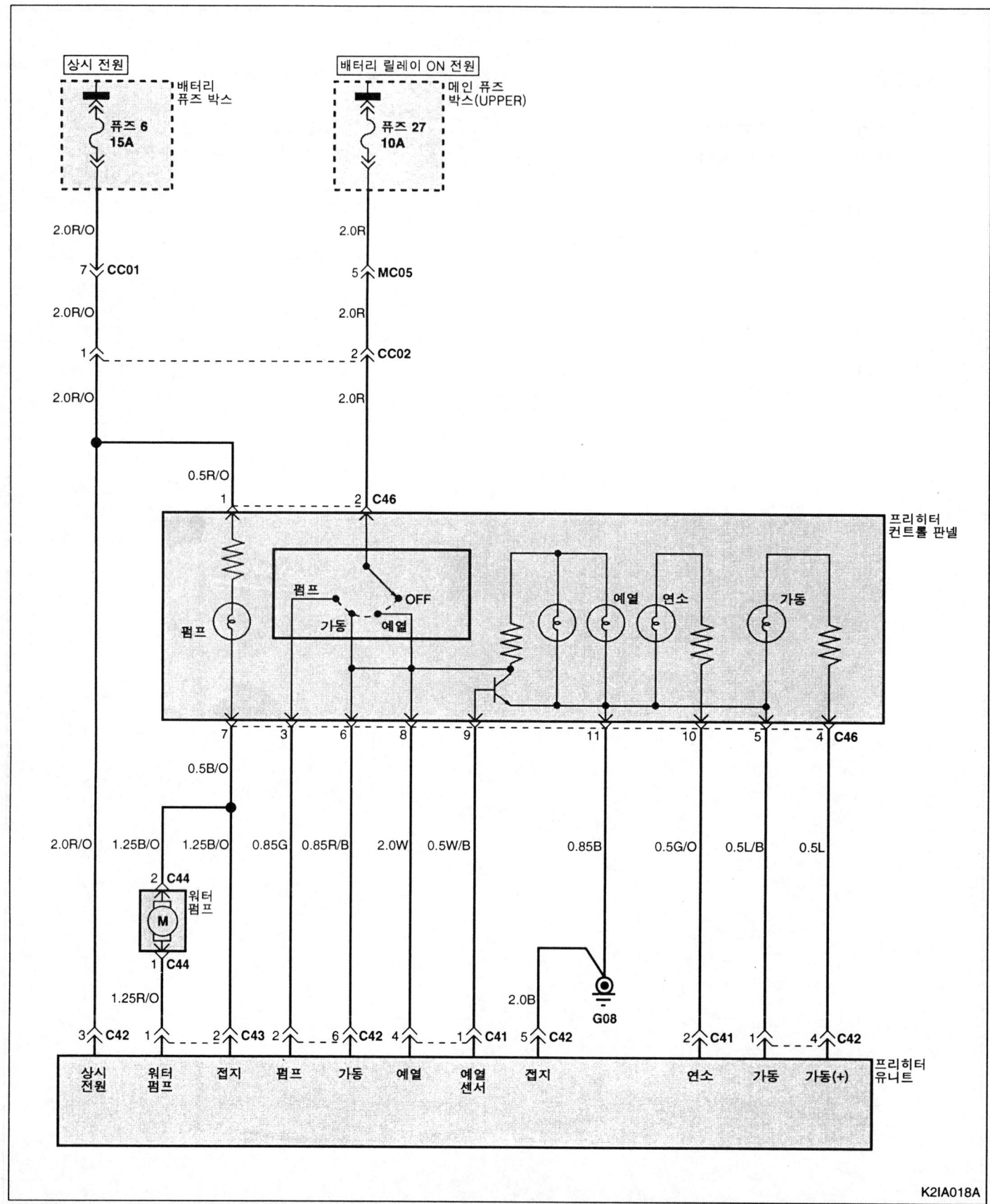

프리히터

구성 부품 위치 색인표

연결 컨넥터	부품 위치도 - 페이지
CC01	CL-12
CC02	CL-12
MC05	CL-6

SD-52

전기 회로도

연료 차단 회로

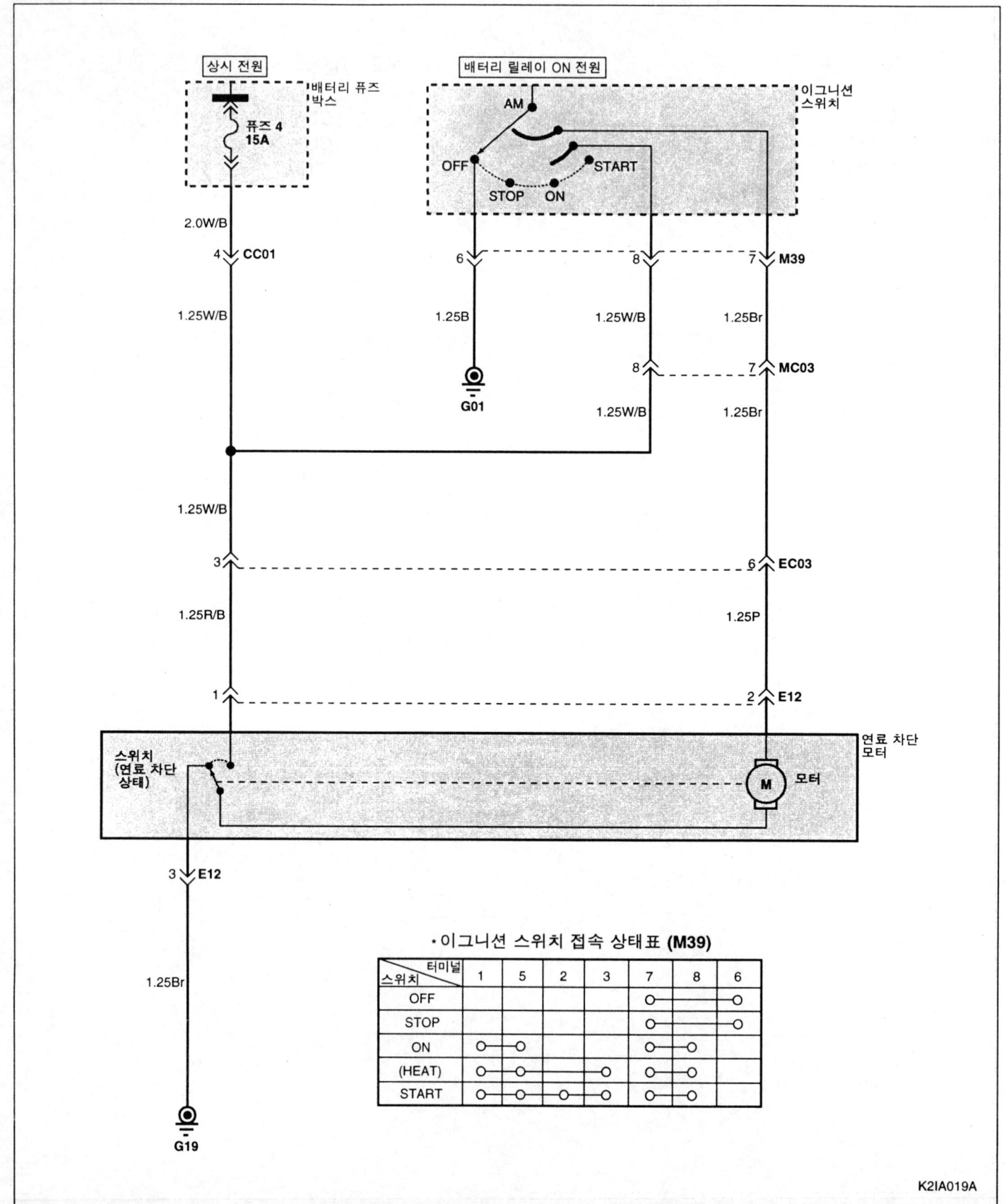

연료 차단 회로

구성 부품 위치 색인표

부품		부품 위치도 - 페이지
E12	연료 차단 모터	CL-7
M39	이그니션 스위치	CL-3

연결 컨넥터

CC01	CL-12
EC03	CL-7
MC03	CL-6

접지

G01	CL-17
G19	CL-18

경고등

경고등(1)

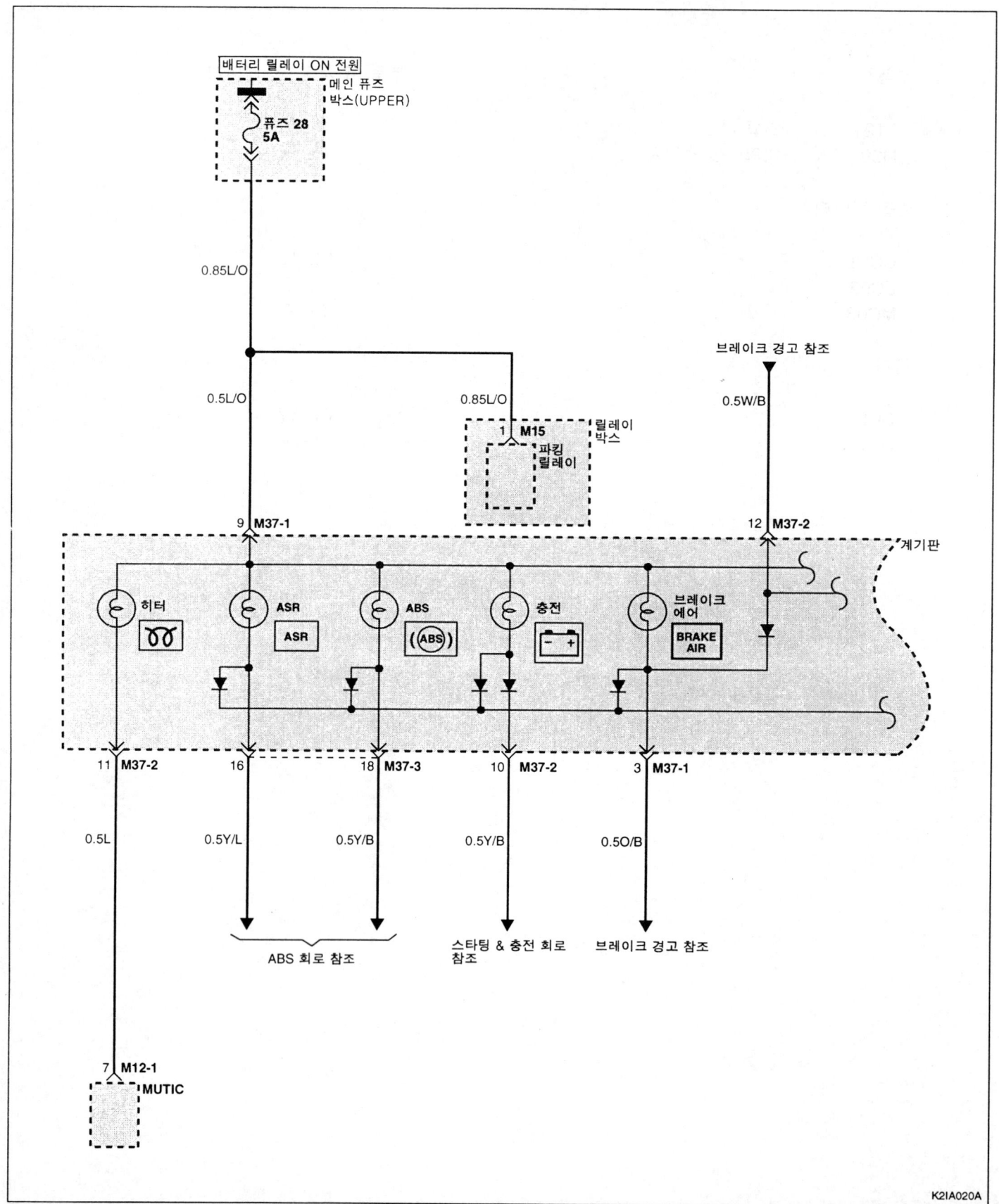

경고등 SD-55

경고등(2)

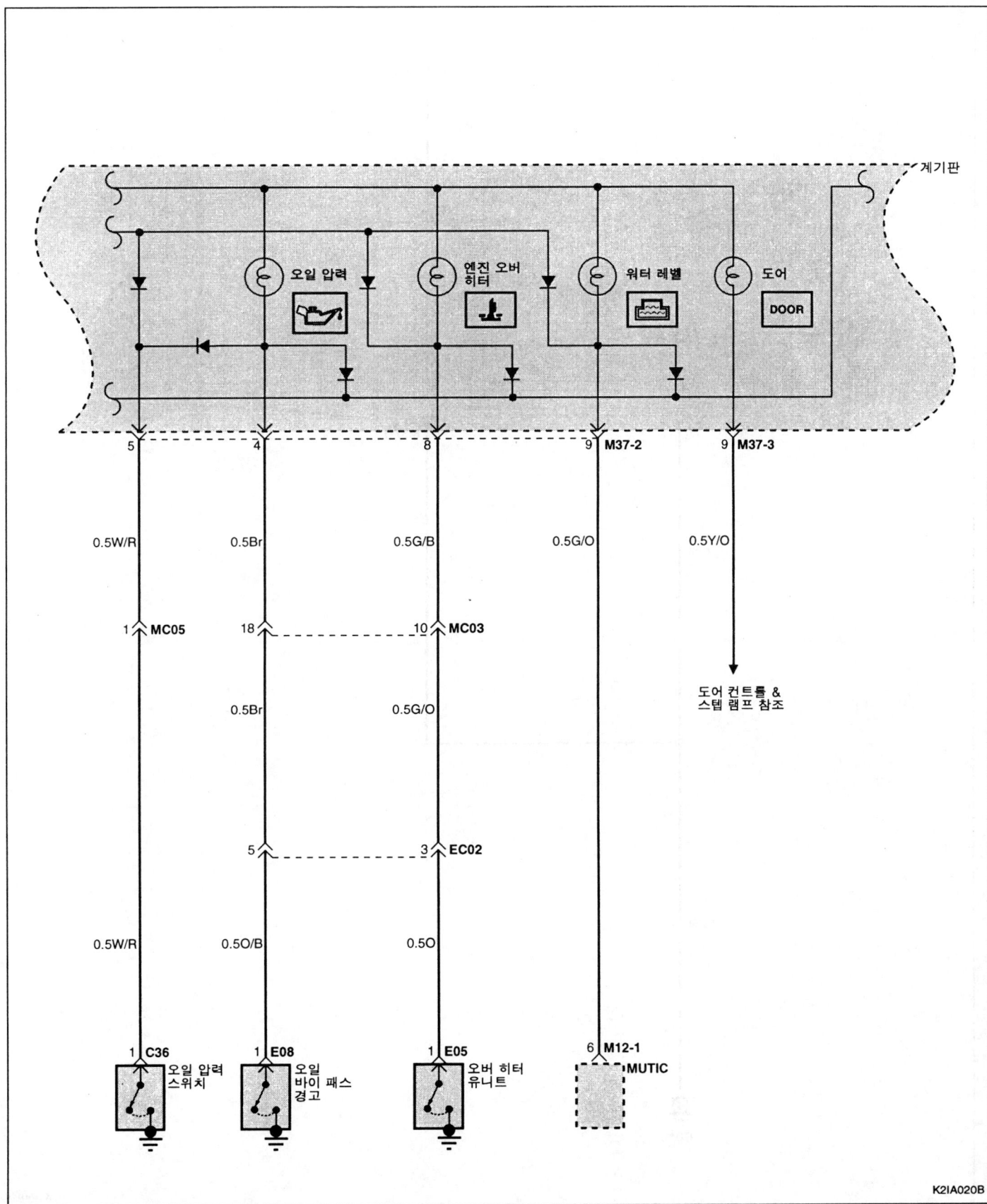

경고등(3)

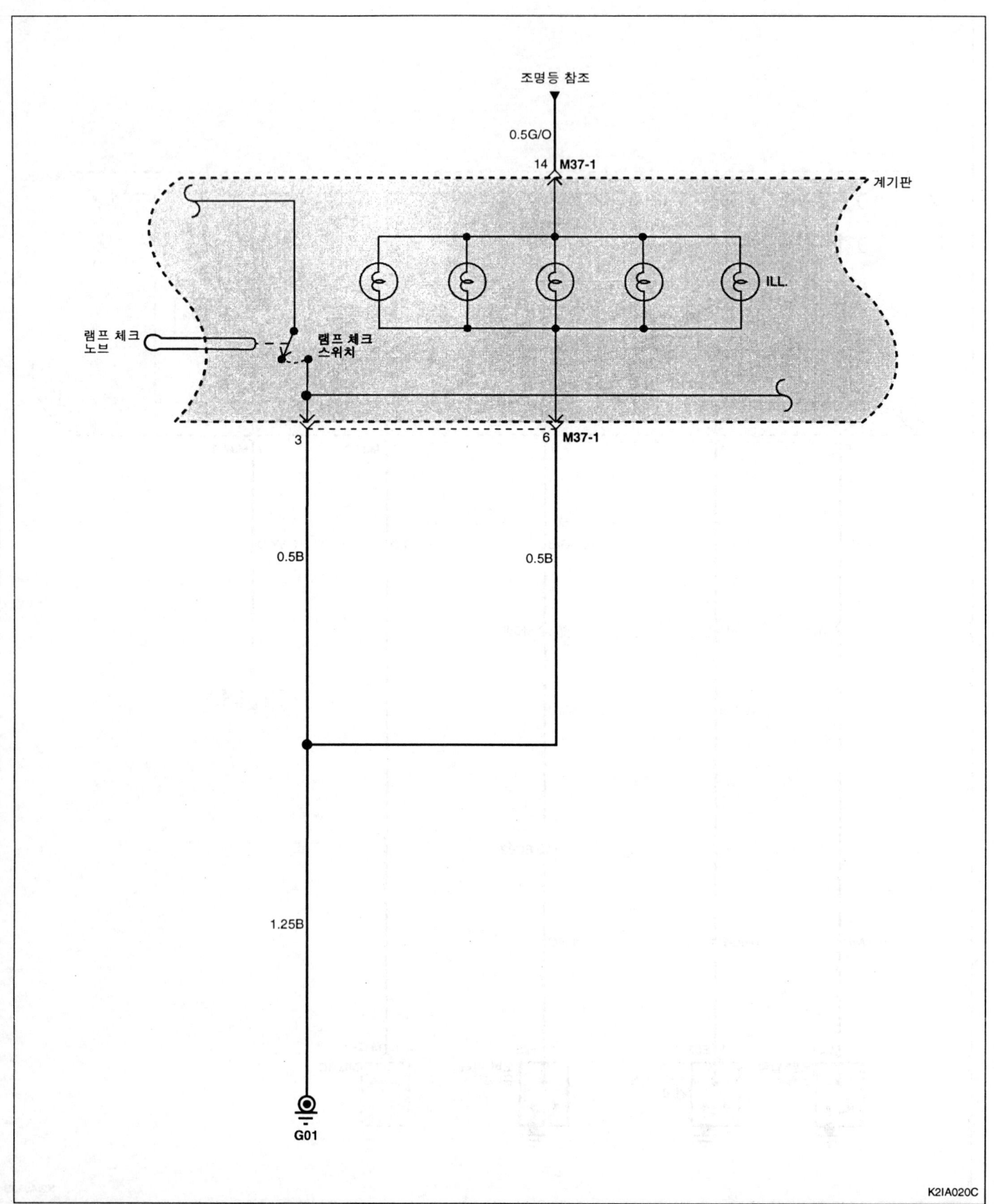

경고등

경고등(4)

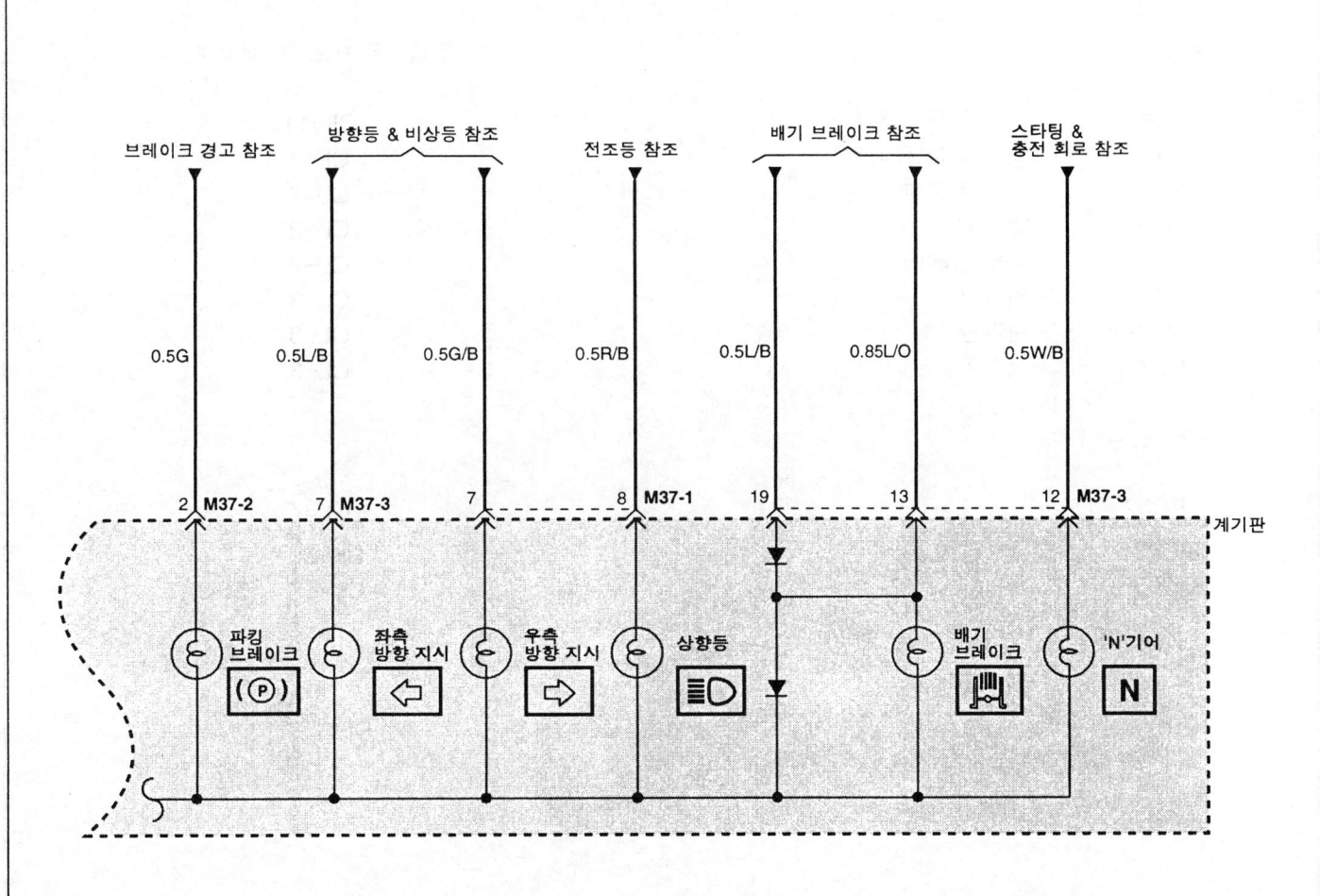

구성 부품 위치 색인표

부품		부품 위치도 – 페이지
C36	오일 압력 스위치	CL-11
E05	오버 히터 유니트	CL-7
E08	오버 바이 패스 경고	CL-7
M12-1	MUTIC	CL-2
M15	파킹 릴레이	CL-2
M37-1	계기판	CL-3
M37-2	계기판	CL-3
M37-3	계기판	CL-3

연결 컨넥터

EC02		CL-7
MC03		CL-6
MC05		CL-6

접지

G01	CL-17

MEMO

게이지

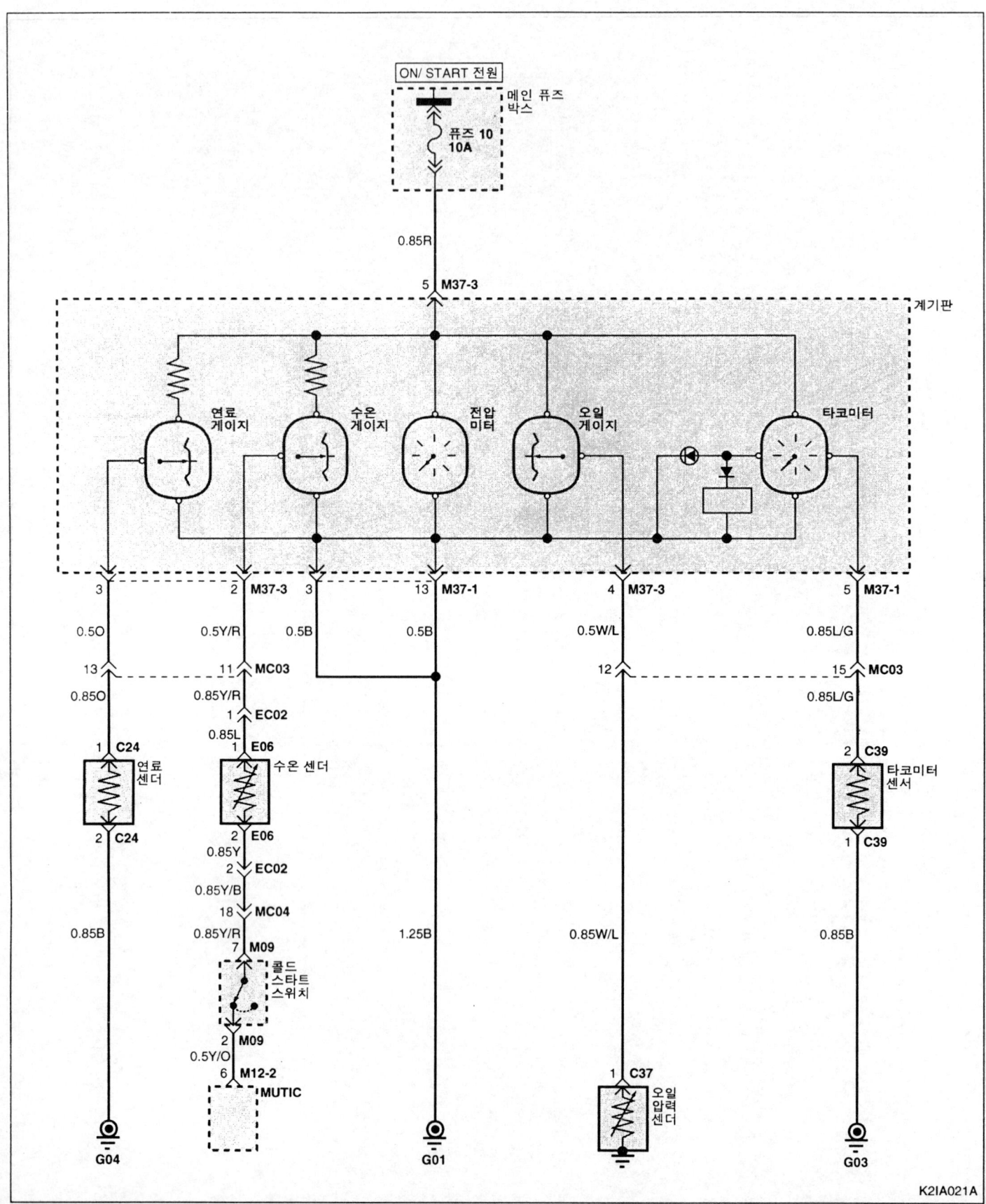

게이지

구성 부품 위치 색인표

부품		부품 위치도 - 페이지
C24	연료 센더	CL-9
C37	오일 압력 센더	CL-11
C39	타코미터 센서	CL-11
E06	수온 센더	CL-7
M09	콜드 스타트 스위치	CL-2
M12-2	MUTIC	CL-2
M37-1	계기판	CL-3
M37-3	계기판	CL-3

연결 컨넥터

| EC02 | CL-7 |
| MC03 | CL-6 |

접지

G01	CL-17
G03	CL-17
G04	CL-17

도어 컨트롤 & 스텝 램프

도어 컨트롤 & 스텝 램프(1)

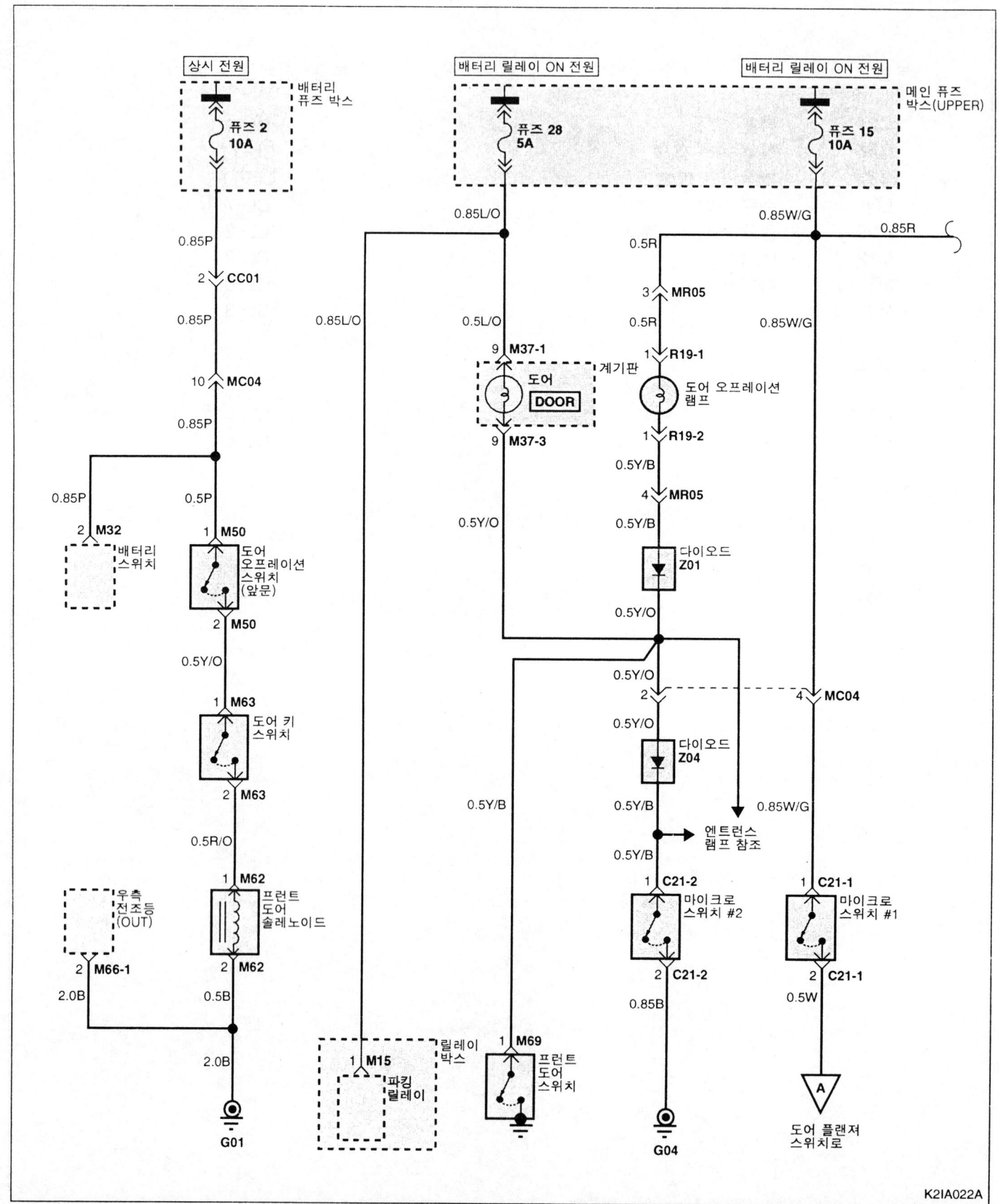

도어 컨트롤 & 스텝 램프

도어 컨트롤 & 스텝 램프(2)

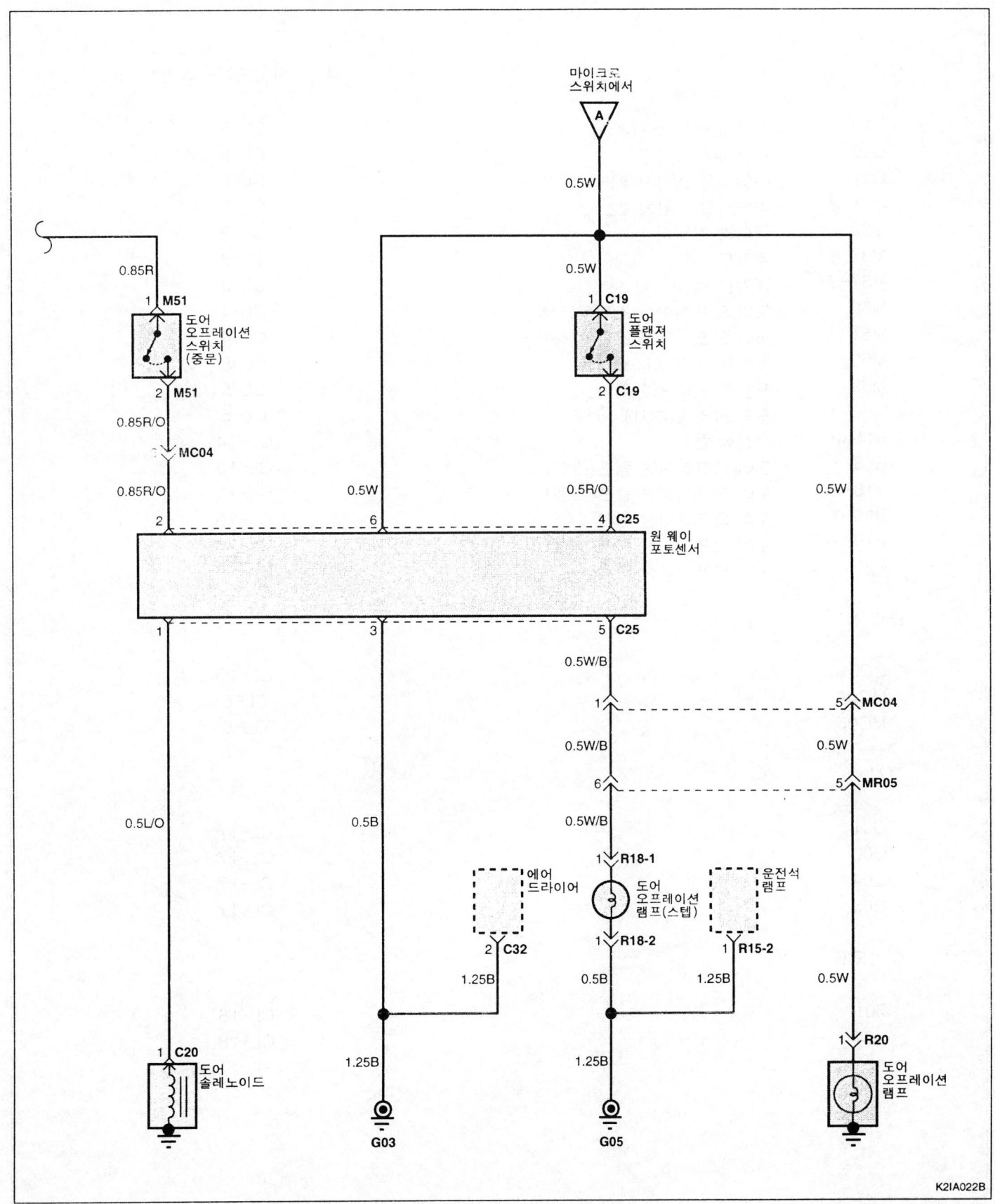

구성 부품 위치 색인표

부품		부품 위치도 - 페이지
C19	도어 플랜져 스위치	CL-9
C20	도어 솔레노이드	CL-9
C21-1	마이크로 스위치 #1	CL-9
C21-2	마이크로 스위치 #2	CL-9
M32	배터리 스위치	CL-2
M37-1	계기판	CL-3
M37-3	계기판	CL-3
M50	도어 오프레이션 스위치(앞문)	CL-4
M51	도어 오프레이션 스위치(중문)	CL-4
M62	프런트 도어 솔레노이드	CL-5
M69	프런트 도어 스위치	CL-5
M66-1	우측 전조등(OUT)	CL-5
R15-2	운전석 램프	CL-14
R18-1	도어 오프레이션 램프(스텝)	CL-15
R18-2	도어 오프레이션 램프(스텝)	CL-15
R19-1	도어 오프레이션 램프	CL-15
R19-2	도어 오프레이션 램프	CL-15
R20	도어 오프레이션 램프	CL-15

연결 컨넥터

CC01	CL-12
MC04	CL-6
MC05	CL-6

접지

G01	CL-17
G03	CL-17
G04	CL-17
G05	CL-17

다이오드

Z01	CL-18
Z04	CL-18

MEMO

SD-66

전기 회로도

오디오

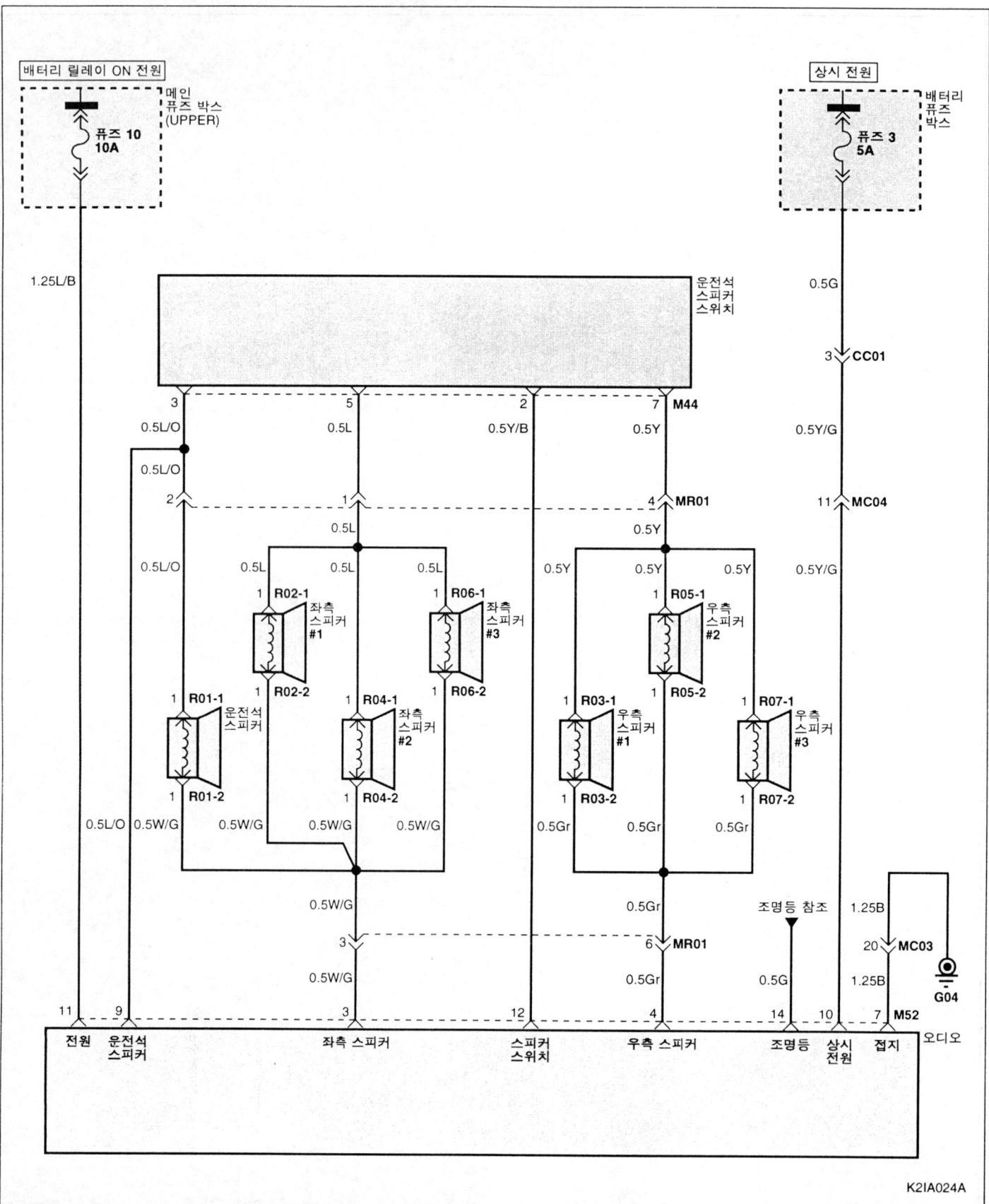

오디오

구성 부품 위치 색인표

부품		부품 위치도 - 페이지
M44	운전석 스피커 스위치	CL-3
M52	오디오	CL-4
R01-1	운전석 스피커	CL-14
R01-2	운전석 스피커	CL-14
R02-1	좌측 스피커 #1	CL-14
R02-2	좌측 스피커 #1	CL-14
R03-1	우측 스피커 #1	CL-14
R03-2	우측 스피커 #1	CL-14
R04-1	좌측 스피커 #2	CL-14
R04-2	좌측 스피커 #2	CL-14
R05-1	우측 스피커 #2	CL-14
R05-2	우측 스피커 #2	CL-14
R06-1	좌측 스피커 #3	CL-14
R06-2	좌측 스피커 #3	CL-14
R07-1	우측 스피커 #3	CL-14
R07-2	우측 스피커 #3	CL-14

연결 컨넥터

CC01	CL-12
MC01	CL-6
MC04	CL-6

접지

G04	CL-17

경음기

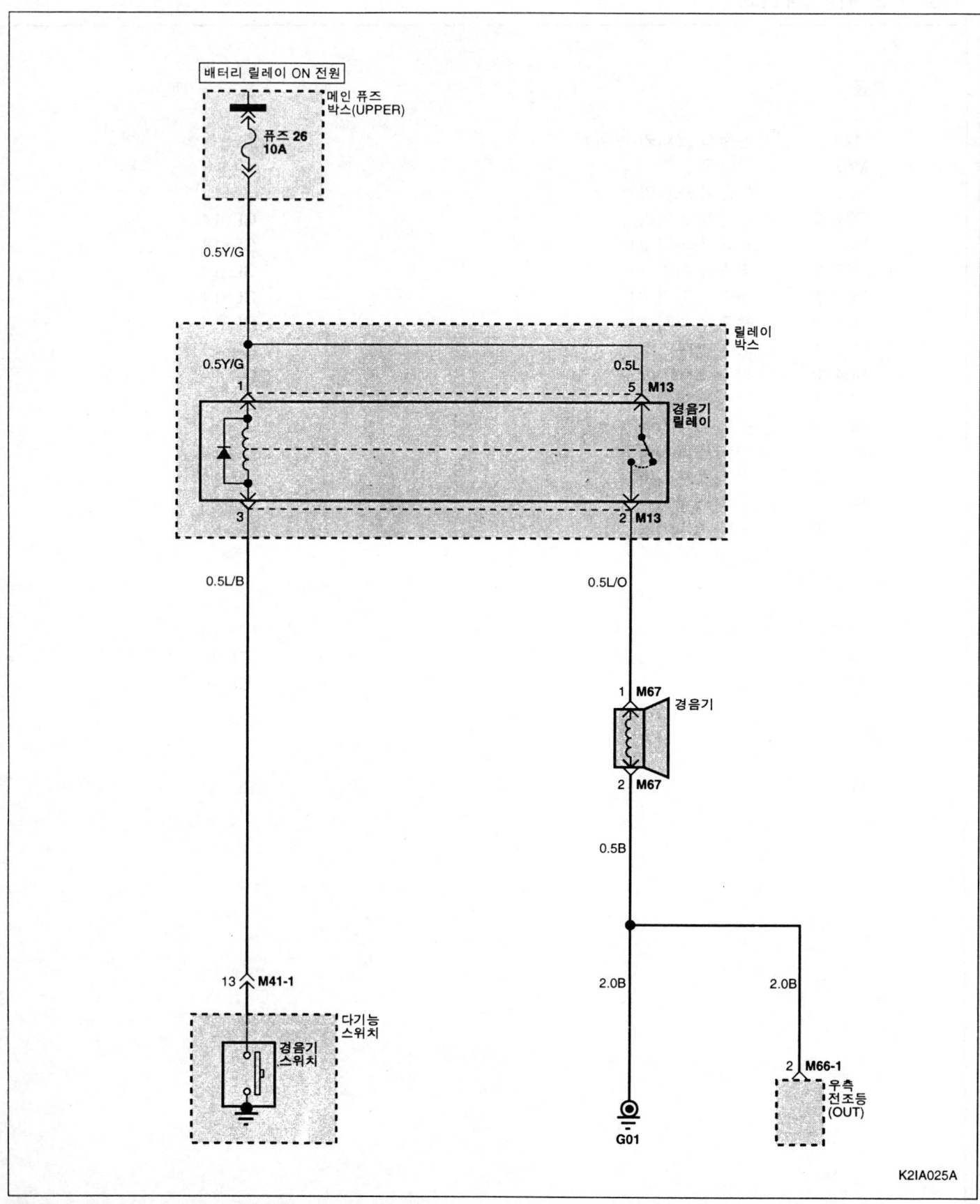

경음기

구성 부품 위치 색인표

부품		부품 위치도 - 페이지
M13	경음기 릴레이	CL-2
M41-1	다기능 스위치	CL-3
M67	경음기	CL-5

접지

G01　　　　　　　　　　　　　　　　　　　　CL-17

전조등

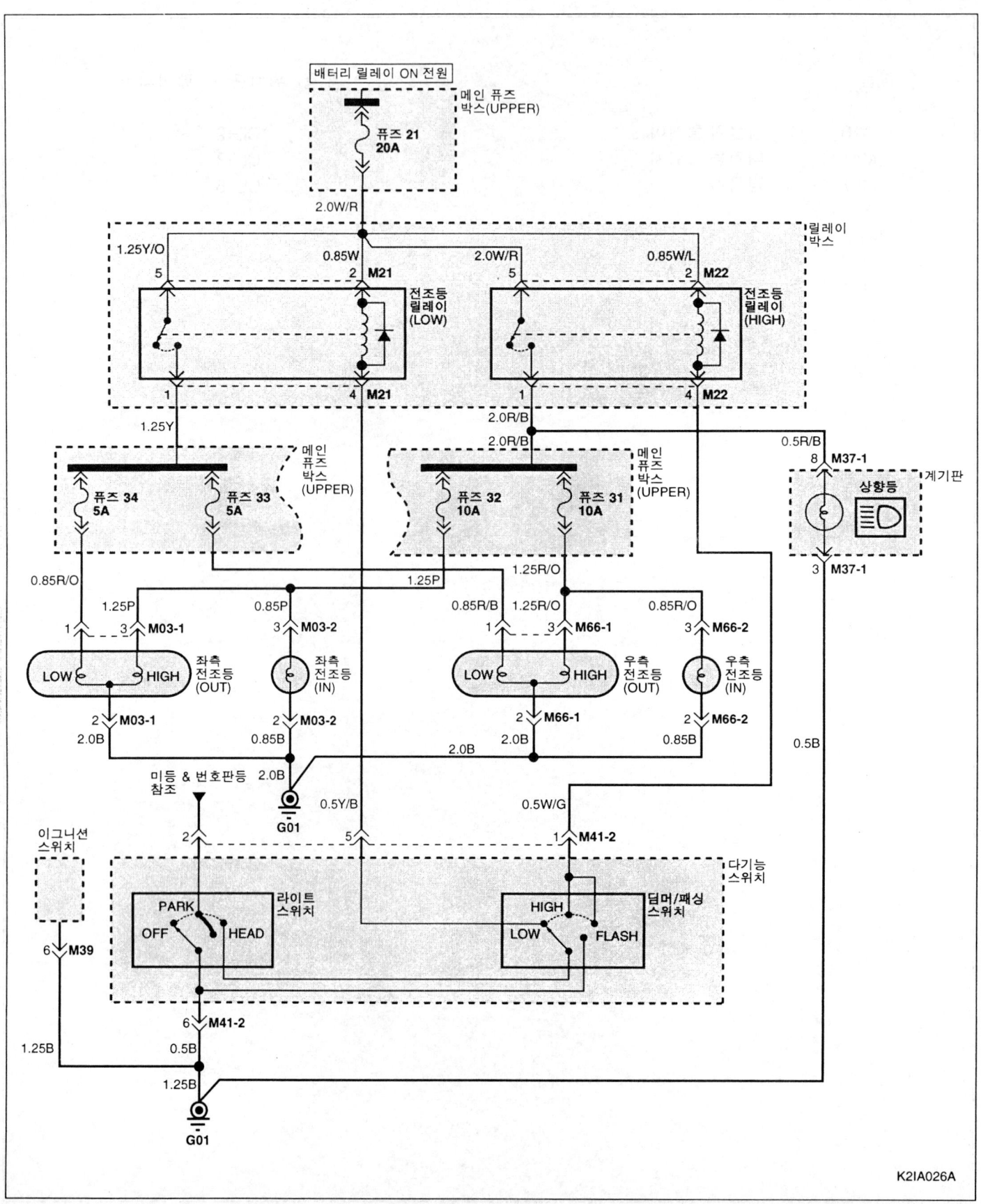

전조등

구성 부품 위치 색인표

부품		부품 위치도 - 페이지
M03-1	좌측 전조등(OUT)	CL-2
M03-2	좌측 전조등(IN)	CL-2
M21	전조등 릴레이(LOW)	CL-2
M22	전조등 릴레이(HIGH)	CL-2
M37-1	계기판	CL-3
M41-2	다기능 스위치	CL-3
M66-1	우측 전조등(OUT)	CL-5
M66-2	우측 전조등(IN)	CL-5

연결 컨넥터

CR01	CL-12
MC03	CL-6

접지

G01	CL-17

방향등 & 비상등

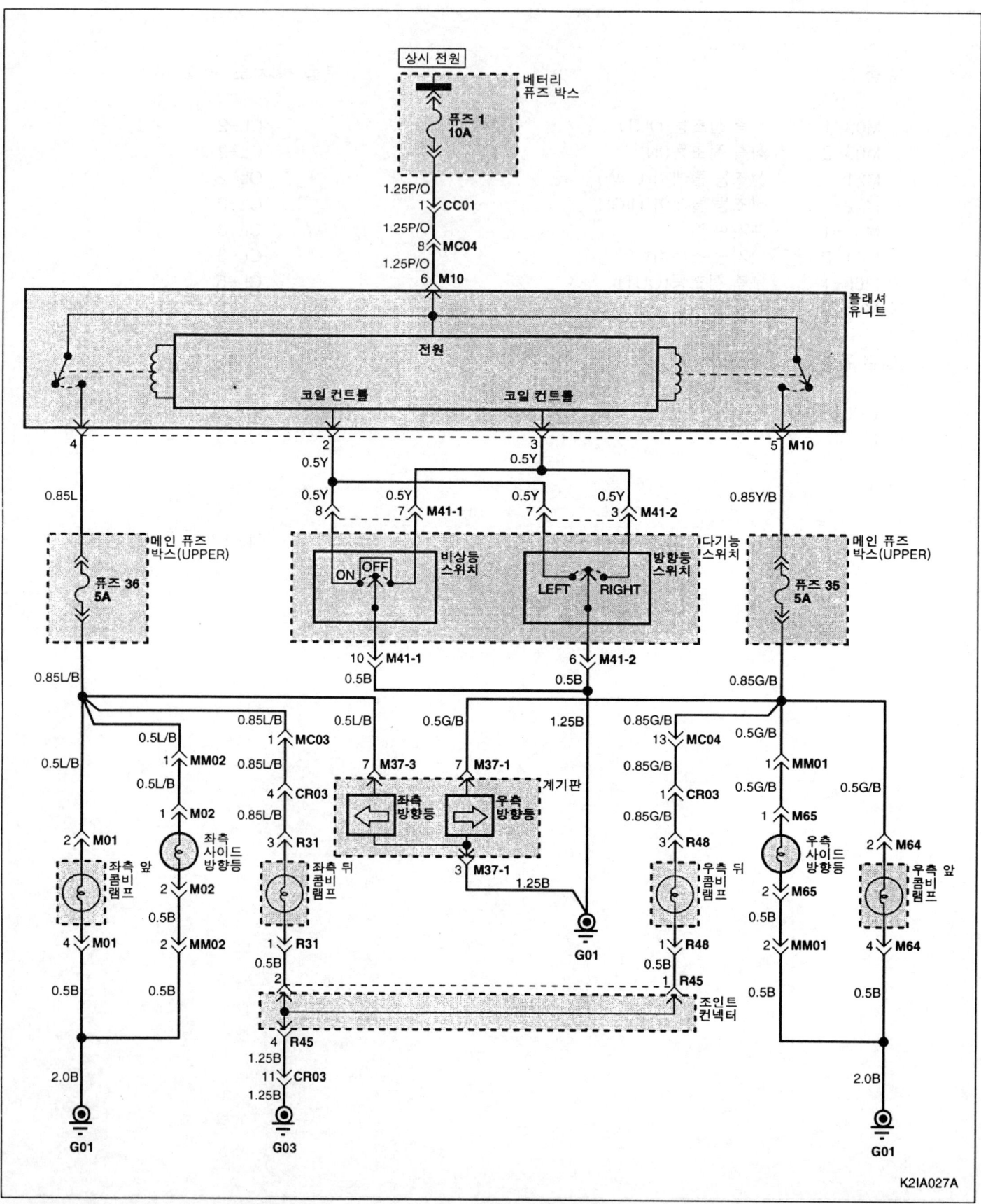

방향등 & 비상등

SD-73

구성 부품 위치 색인표

부품   부품 위치도 - 페이지

M01	좌측 앞 콤비 램프	CL-2
M02	좌측 사이드 방향등	CL-2
M10	플래셔 유니트	CL-2
M37-1	계기판	CL-3
M37-3	계기판	CL-3
M41-1	다기능 스위치	CL-3
M41-2	다기능 스위치	CL-3
M64	우측 앞 콤비 램프	CL-5
M65	우측 사이드 방향등	CL-5
R31	좌측 뒤 콤비 램프	CL-15
R45	조인트 컨넥터	CL-16
R48	우측 뒤 콤비 램프	CL-16

연결 컨넥터

CC01	CL-12
CR03	CL-12
MC03	CL-6
MC04	CL-6
MM01	CL-6
MM02	CL-6

접지

G01	CL-17
G03	CL-17

안개등

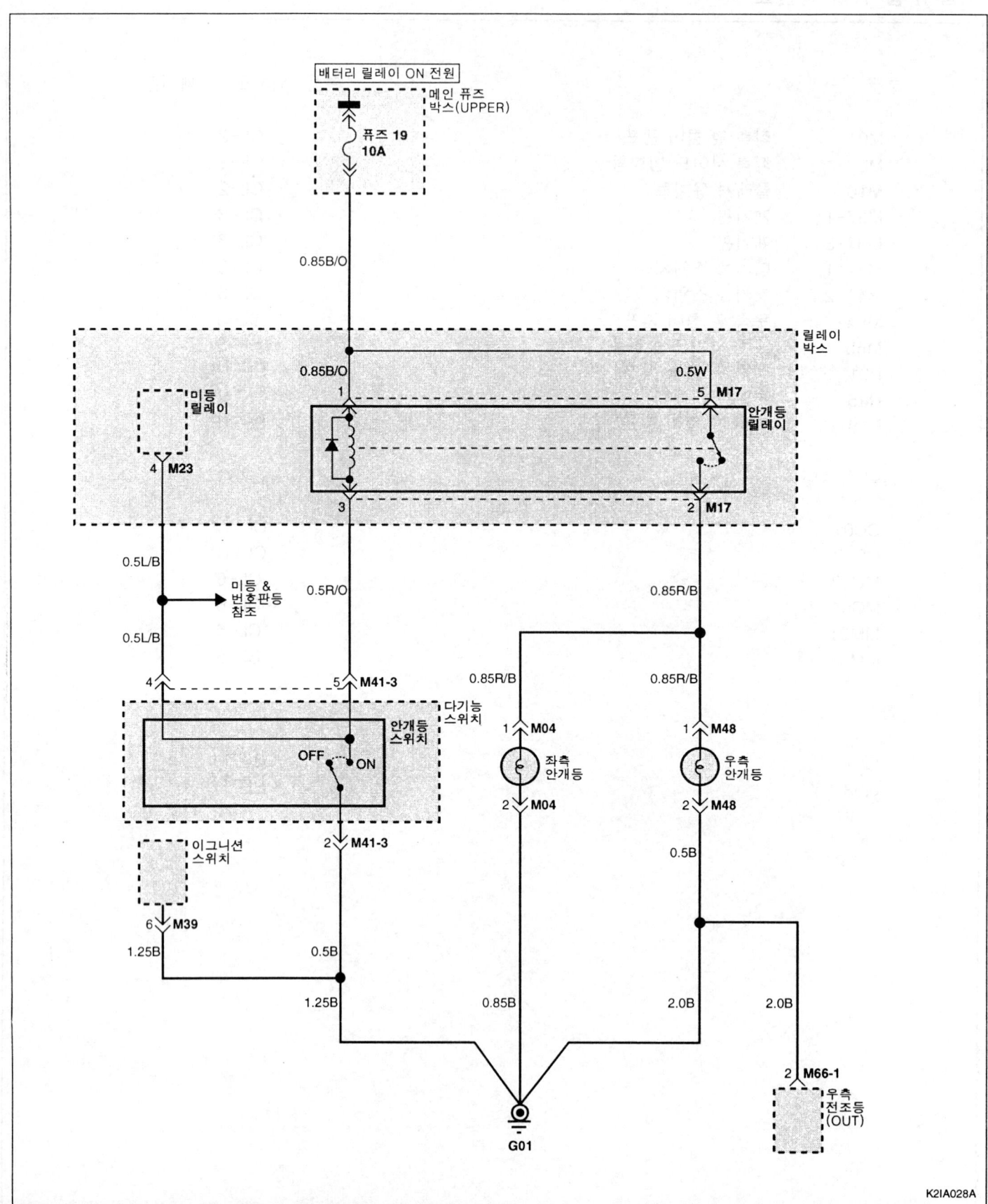

안개등

안개등

구성 부품 위치 색인표

부품		부품 위치도 - 페이지
M04	좌측 안개등	CL-2
M17	안개등 릴레이	CL-2
M23	미등 릴레이	CL-2
M41-3	다기능 스위치	CL-3

접지

| G01 | | CL-17 |

후진등

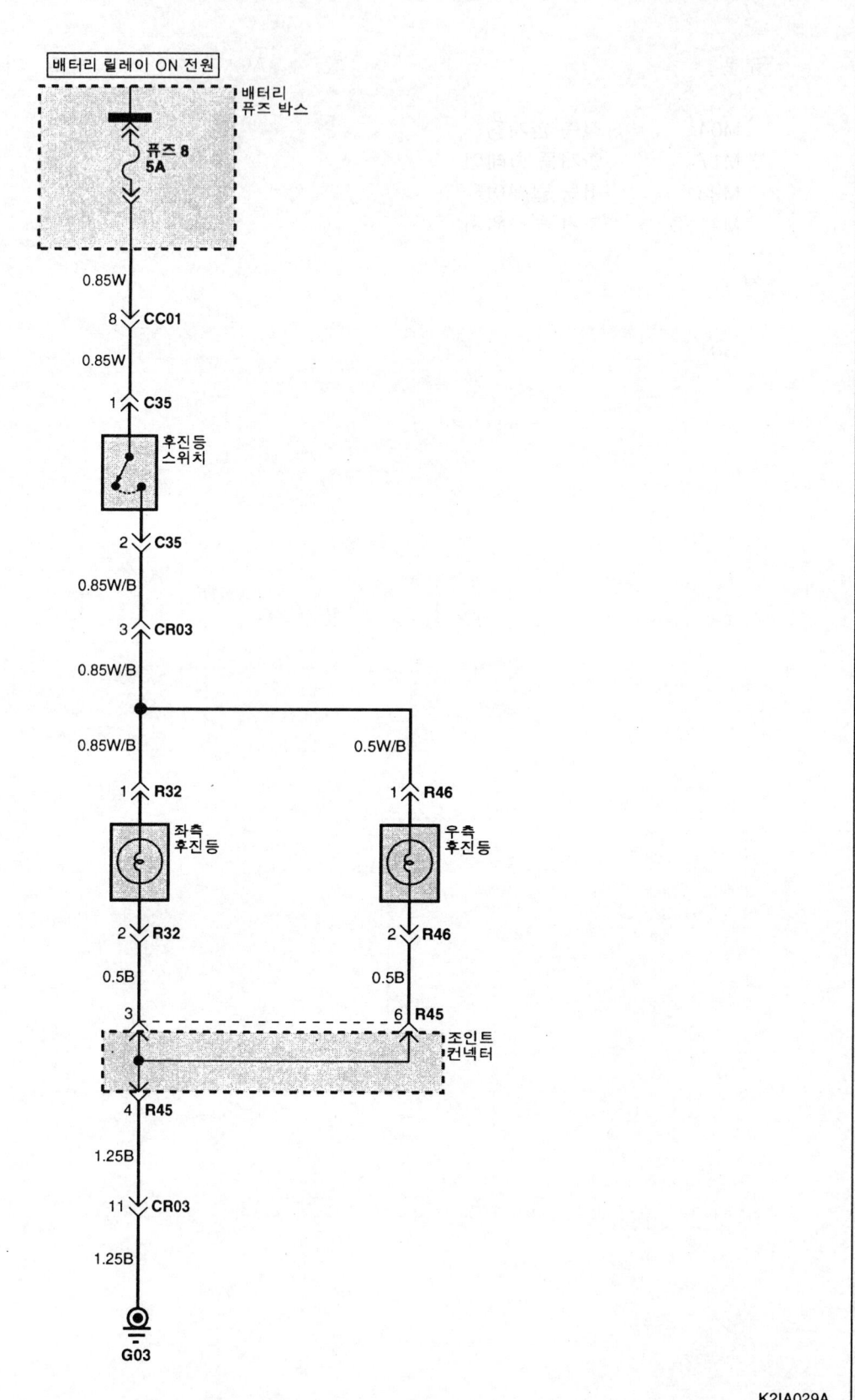

후진등

구성 부품 위치 색인표

부품		부품 위치도 - 페이지
C35	후진등 스위치	CL-11
R32	좌측 후진등	CL-15
R45	조인트 컨넥터	CL-16
R46	우측 후진등	CL-16

연결 컨넥터

CC01	CL-12
CR03	CL-12

접지

G03	CL-17

정지등

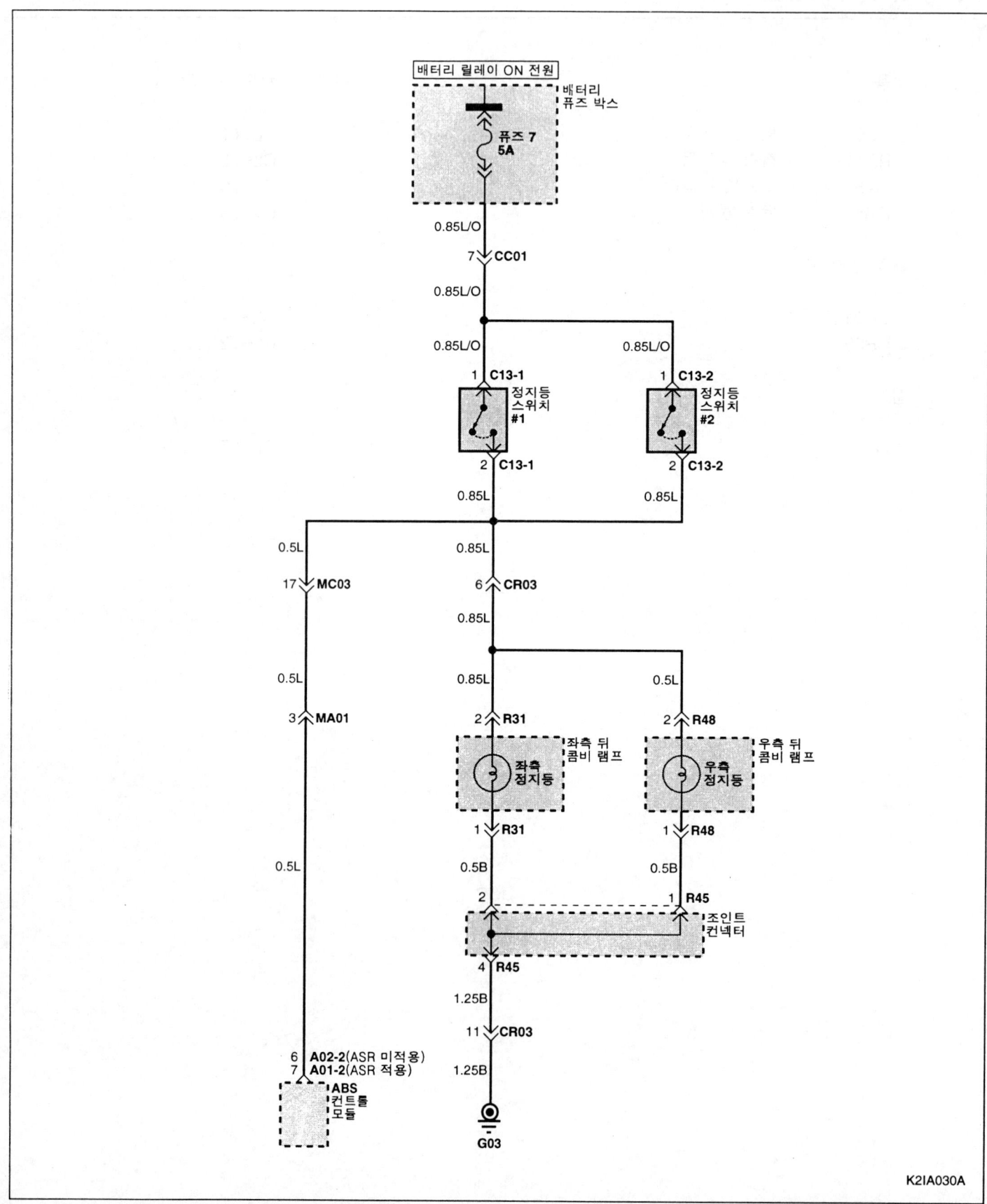

정지등

구성 부품 위치 색인표

부품		부품 위치도 - 페이지
A01-2	ABS 컨트롤 모듈 (ASR 적용)	CL-13
A02-2	ABS 컨트롤 모듈 (ASR 미적용)	CL-13
C13-1	정지등 스위치 #1	CL-8
C13-2	정지등 스위치 #2	CL-8
R31	좌측 뒤 콤비 램프	CL-15
R45	조인트 컨넥터	CL-16
R48	우측 뒤 콤비 램프	CL-16

연결 컨넥터

CC01	CL-12
CR03	CL-12

접지

G03	CL-17

미등 & 번호판등

미등 & 번호판등(1)

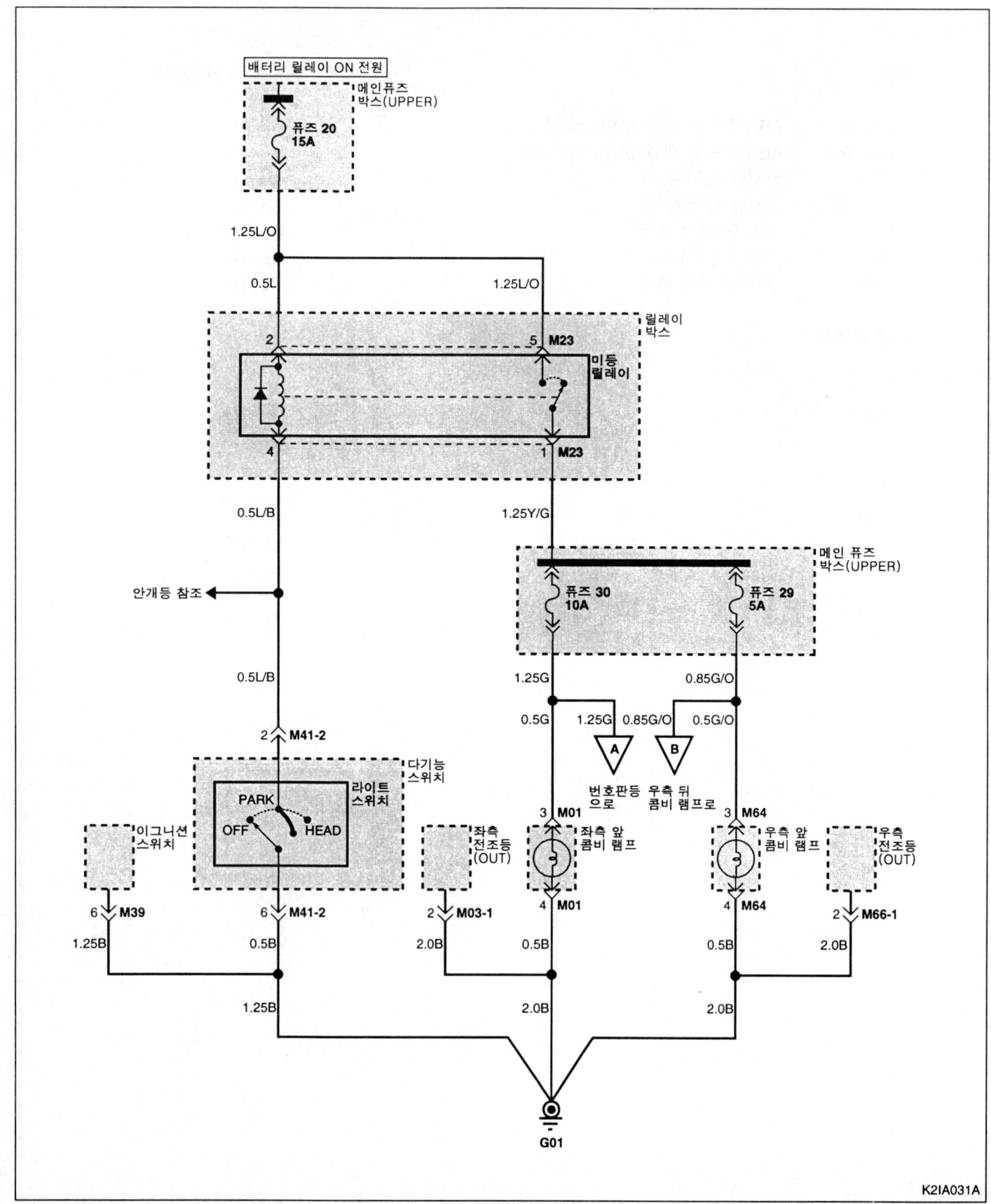

미등 & 번호판등

미등 & 번호판등(2)

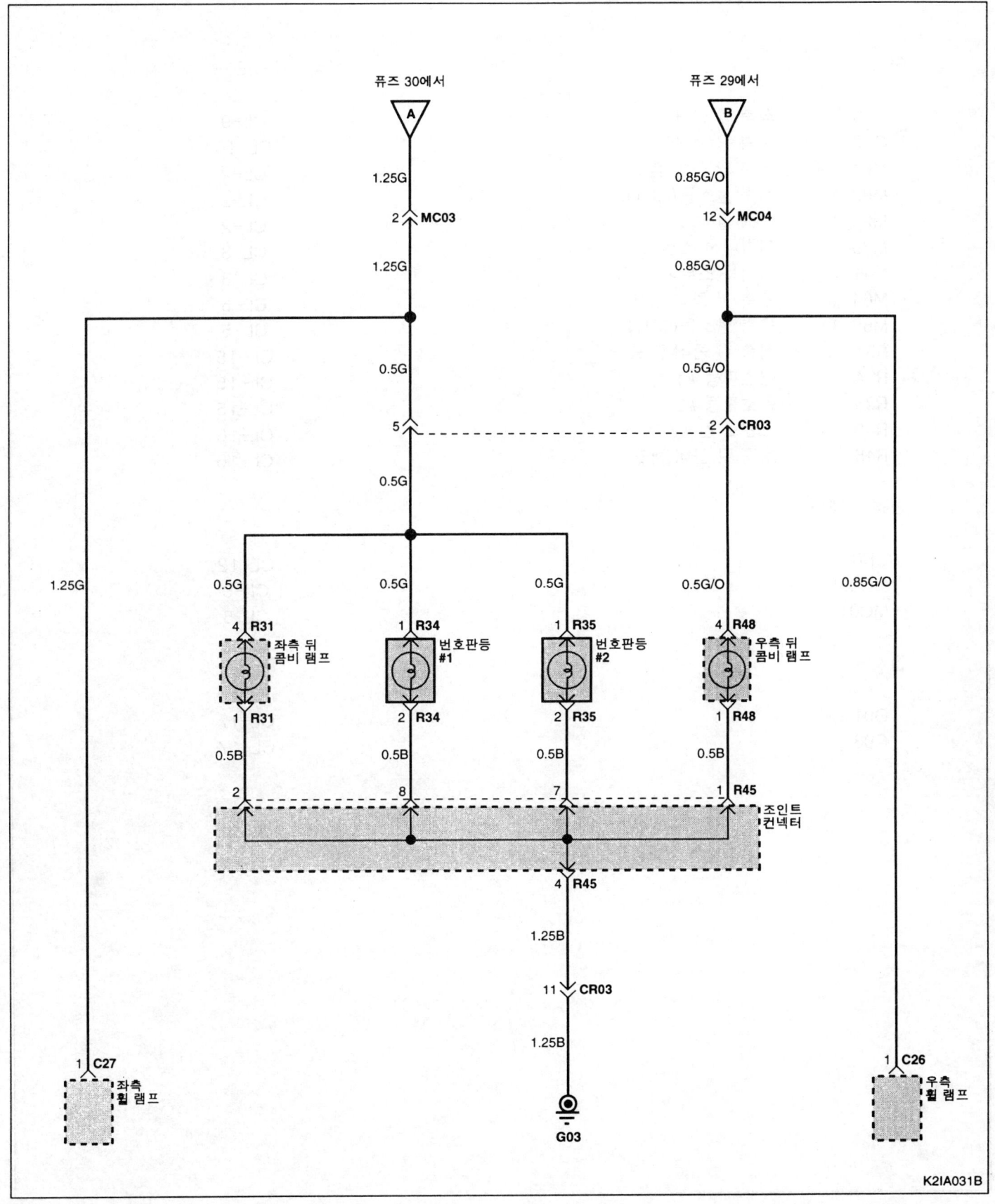

구성 부품 위치 색인표

부품		부품 위치도 - 페이지
C26	좌측 휠 램프	CL-9
C27	우측 휠 램프	CL-10
M01	좌측 앞 콤비 램프	CL-2
M03-1	좌측 전조등(OUT)	CL-2
M23	미등 릴레이	CL-2
M39	이그니션 스위치	CL-3
M41-2	다기능 스위치	CL-3
M64	우측 앞 콤비 램프	CL-5
M66-1	우측 전조등(OUT)	CL-5
R31	좌측 뒤 콤비 램프	CL-15
R34	번호판등 #1	CL-15
R35	번호판등 #2	CL-15
R45	조인트 컨넥터	CL-16
R48	우측 뒤 콤비 램프	CL-16

연결 컨넥터

CR03		CL-12
MC03		CL-6
MC04		CL-6

접지

G01		CL-17
G03		CL-17

MEMO

엔진 룸 램프 & 리어 콘센트

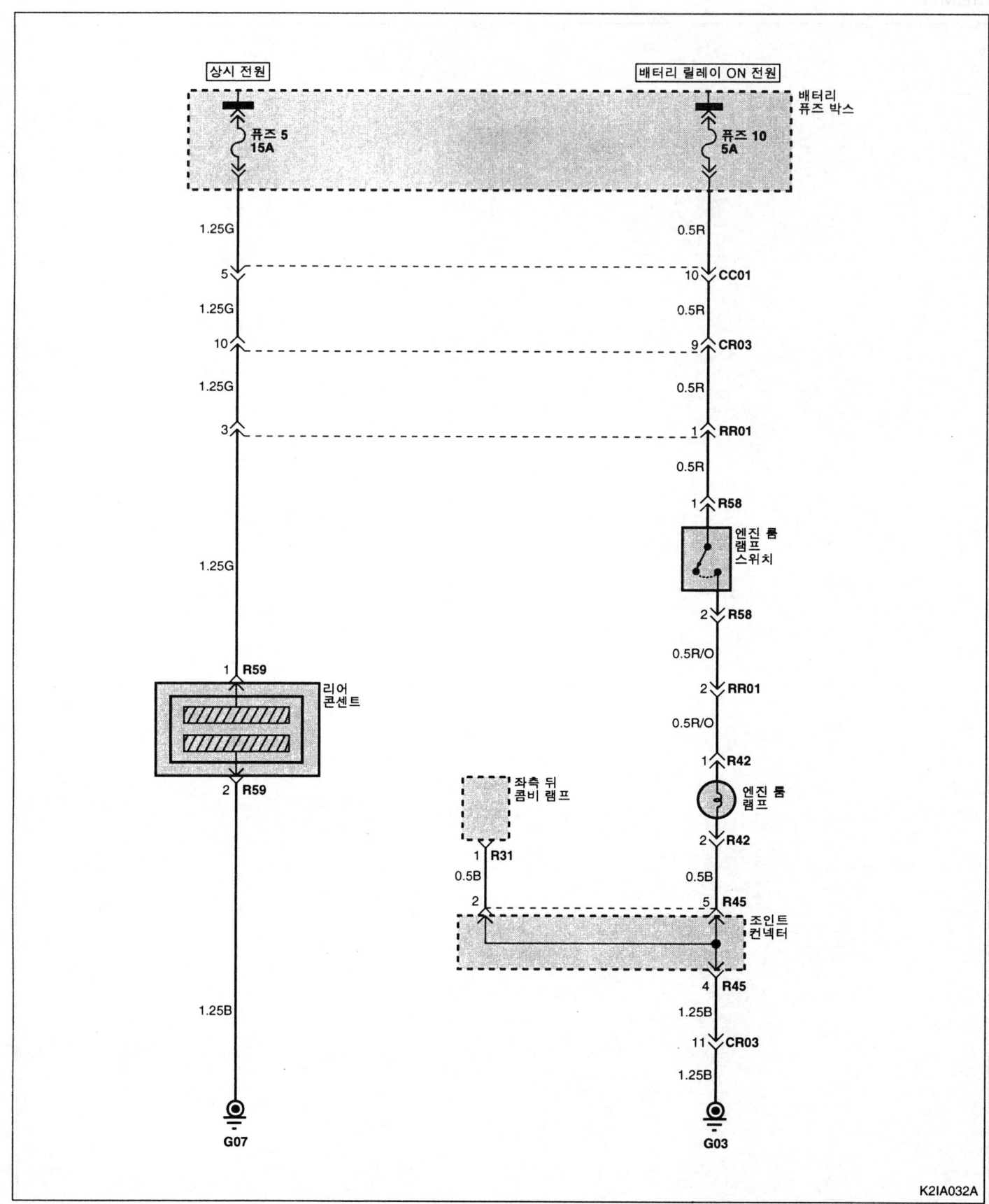

엔진 룸 램프 & 리어 콘센트

구성 부품 위치 색인표

부품		부품 위치도 - 페이지
R31	좌측 뒤 콤비램프	CL-15
R42	엔진 룸 램프	CL-16
R45	조인트 컨넥터	CL-16
R58	엔진 룸 램프 스위치	CL-16
R59	리어 콘센트	CL-16

연결 컨넥터

CC01	CL-12
CR03	CL-12
RR01	CL-16

접지

| G03 | CL-17 |
| G07 | CL-17 |

러기지 & 휠 램프

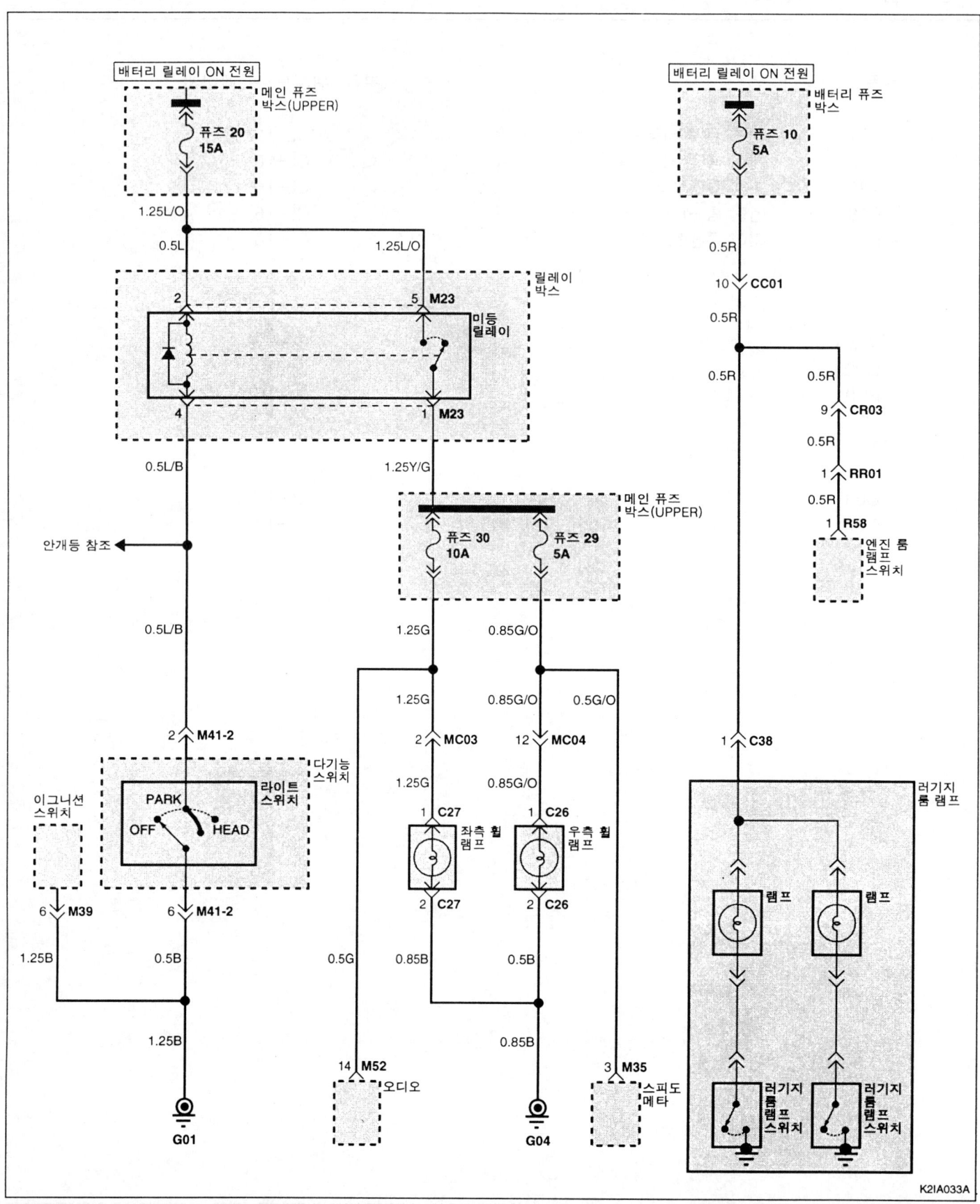

러기지 & 휠 램프

구성 부품 위치 색인표

부품		부품 위치도 - 페이지
C26	우측 휠 램프	CL-9
C27	좌측 휠 램프	CL-10
C38	러기지 룸 램프	CL-11
M23	미등 릴레이	CL-2
M35	스피도 메타	CL-3
M41-2	다기능 스위치	CL-3
M52	오디오	CL-4
R58	엔진 룸 램프 스위치	CL-16

연결 컨넥터

CC01	CL-12
CR03	CL-12
MC03	CL-6
MC04	CL-6
RR01	CL-16

접지

| G01 | CL-17 |
| G04 | CL-17 |

행선지 표시등

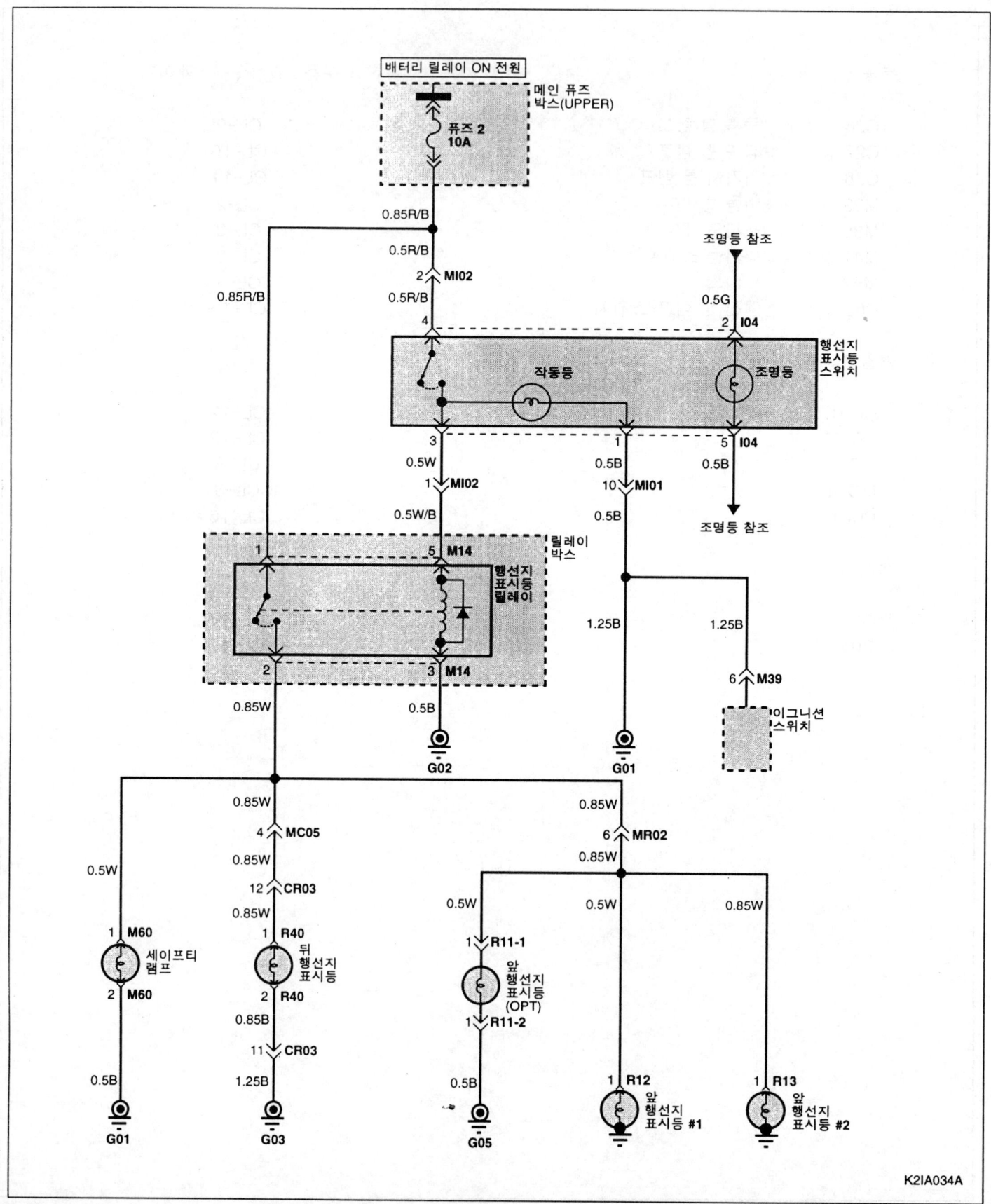

행선지 표시등

SD-89

구성 부품 위치 색인표

부품		부품 위치도 - 페이지
I04	행선지 표시등 스위치	CL-7
M14	행선지 표시등 릴레이	CL-2
M60	세이프티 램프	CL-4
R11-1	앞 행선지 표시등 (OPT)	CL-14
R11-2	앞 행선지 표시등 (OPT)	CL-14
R12	앞 행선지 표시등 #2	CL-14
R13	앞 행선지 표시등 #3	CL-14
R40	뒤 행선지 표시등	CL-15

연결 컨넥터

CR03	CL-12
MI01	CL-6
MI02	CL-6
MC05	CL-6
MR02	CL-6

접지

G01	CL-17
G02	CL-17
G03	CL-17
G05	CL-17

행선지 표시등

실내등

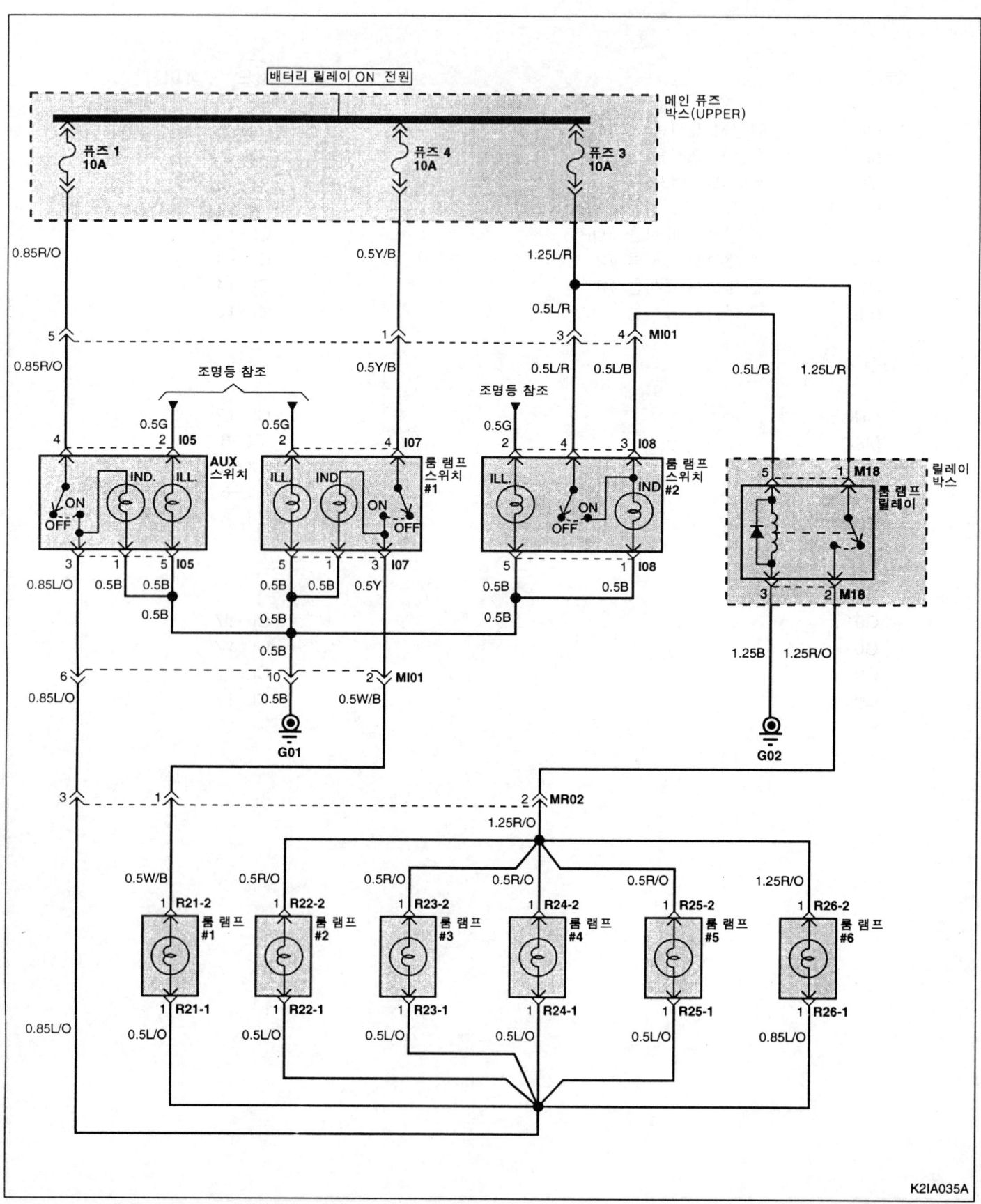

실내등

구성 부품 위치 색인표

부품		부품 위치도 - 페이지
I05	AUX 스위치	CL-7
I07	룸 램프 스위치 #1	CL-7
I08	룸 램프 스위치 #2	CL-7
M18	룸 램프 릴레이	CL-2
R21-1	룸 램프 #1	CL-15
R21-2	룸 램프 #1	CL-15
R22-1	룸 램프 #2	CL-15
R22-2	룸 램프 #2	CL-15
R23-1	룸 램프 #3	CL-15
R23-2	룸 램프 #3	CL-15
R24-1	룸 램프 #4	CL-15
R24-2	룸 램프 #4	CL-15
R25-1	룸 램프 #5	CL-15
R25-2	룸 램프 #5	CL-15
R26-1	룸 램프 #6	CL-15
R26-2	룸 램프 #6	CL-15

연결 컨넥터

MI01	CL-6
MR02	CL-6

접지

G01	CL-17
G02	CL-17

운전석 램프

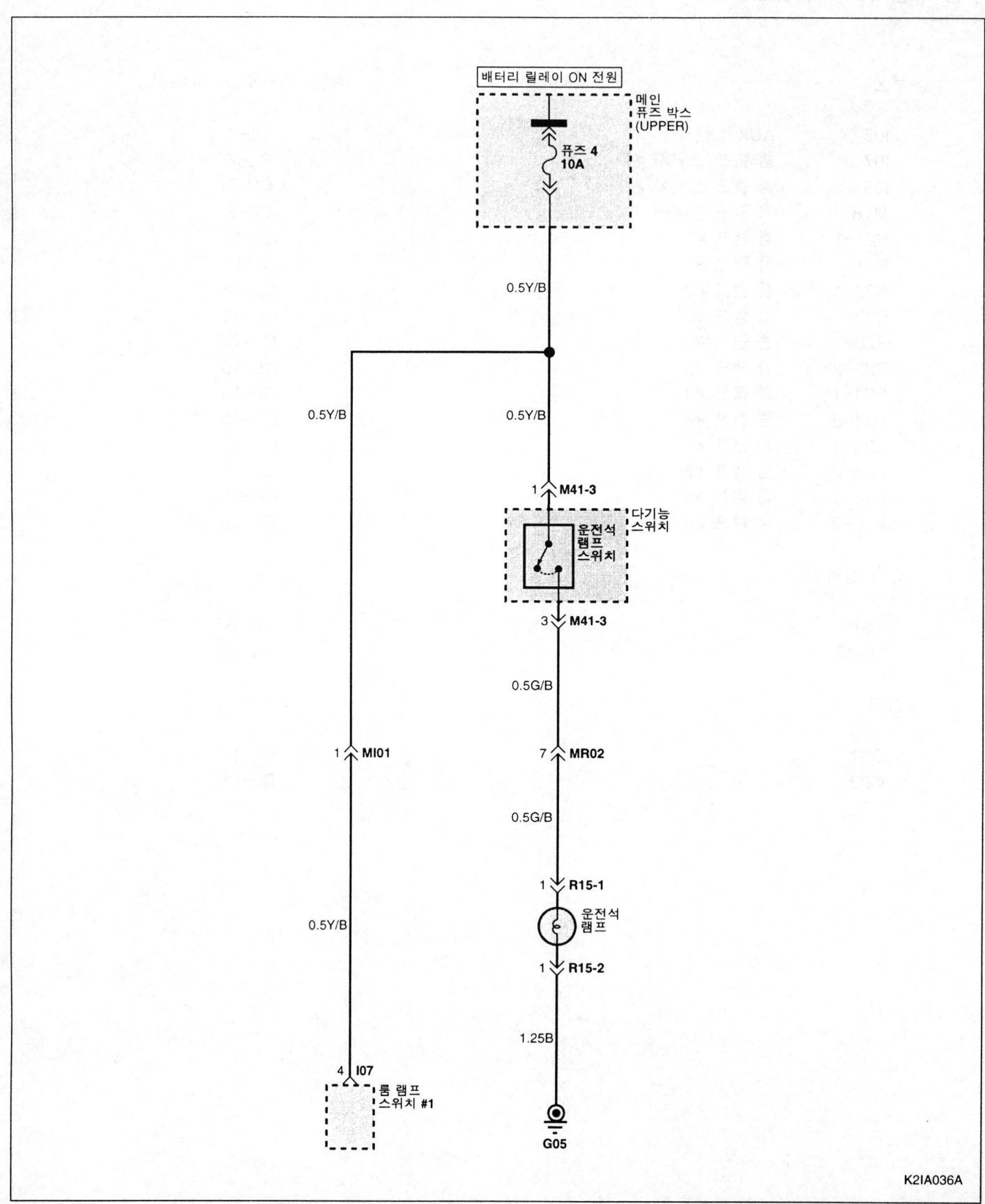

운전석 램프

SD-93

구성 부품 위치 색인표

부품		부품 위치도 - 페이지
I07	룸 램프 스위치 #1	CL-7
M41-3	다기능 스위치	CL-3

접지

G05　　　　　　　　　　　　　　　　　　　　　CL-17

엔트런스 램프

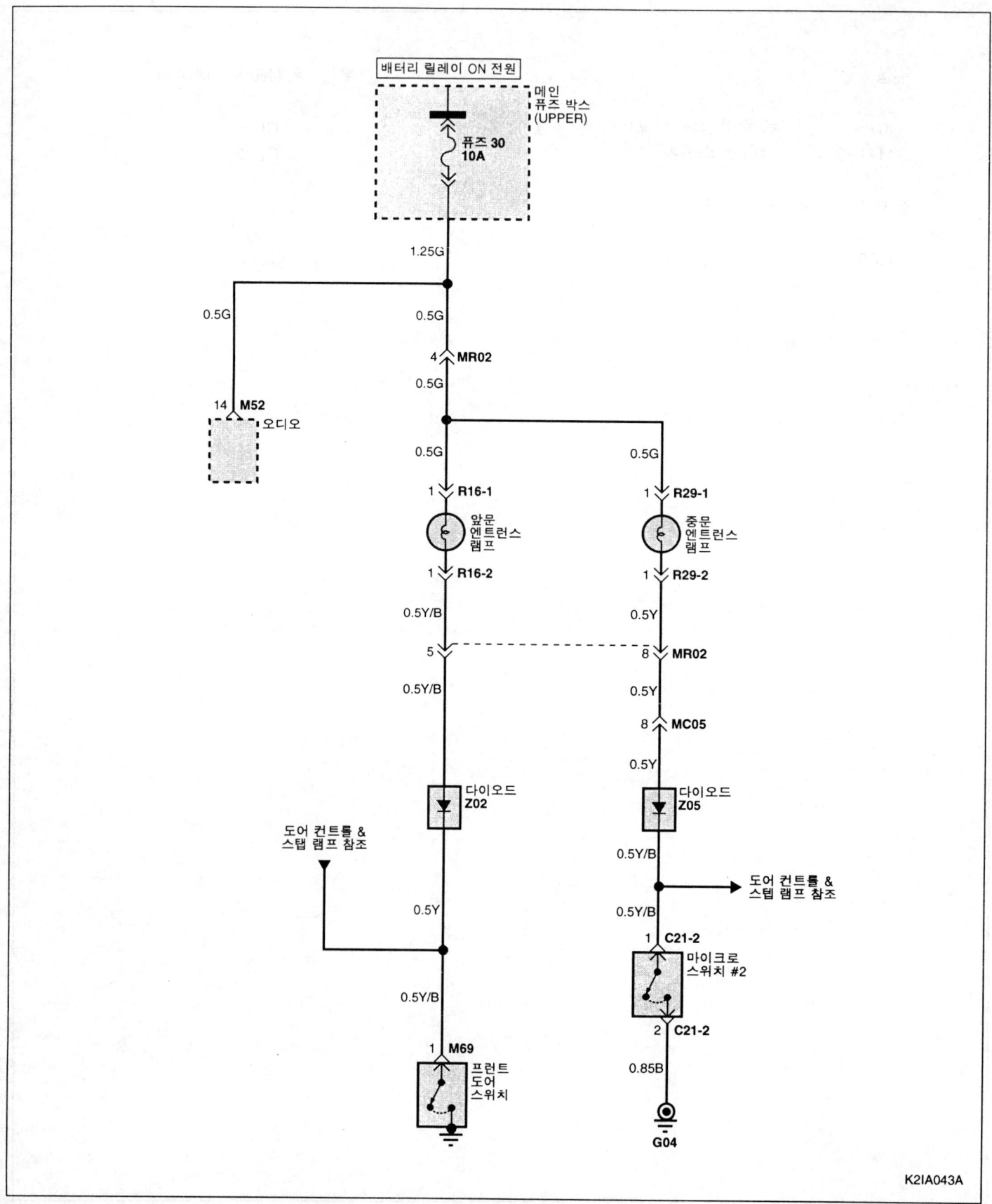

엔트런스 램프

구성 부품 위치 색인표

부품		부품 위치도 - 페이지
C21-2	마이크로 스위치 #2	CL-9
M69	프런트 도어 스위치	CL-5
R16-1	앞문 엔트런스 램프	CL-15
R16-2	앞문 엔트런스 램프	CL-15
R29-1	중문 엔트런스 램프	CL-15
R29-2	중문 엔트런스 램프	CL-15

연결 컨넥터

MC05	CL-6

접지

G04	CL-17

조명등

조명등(1)

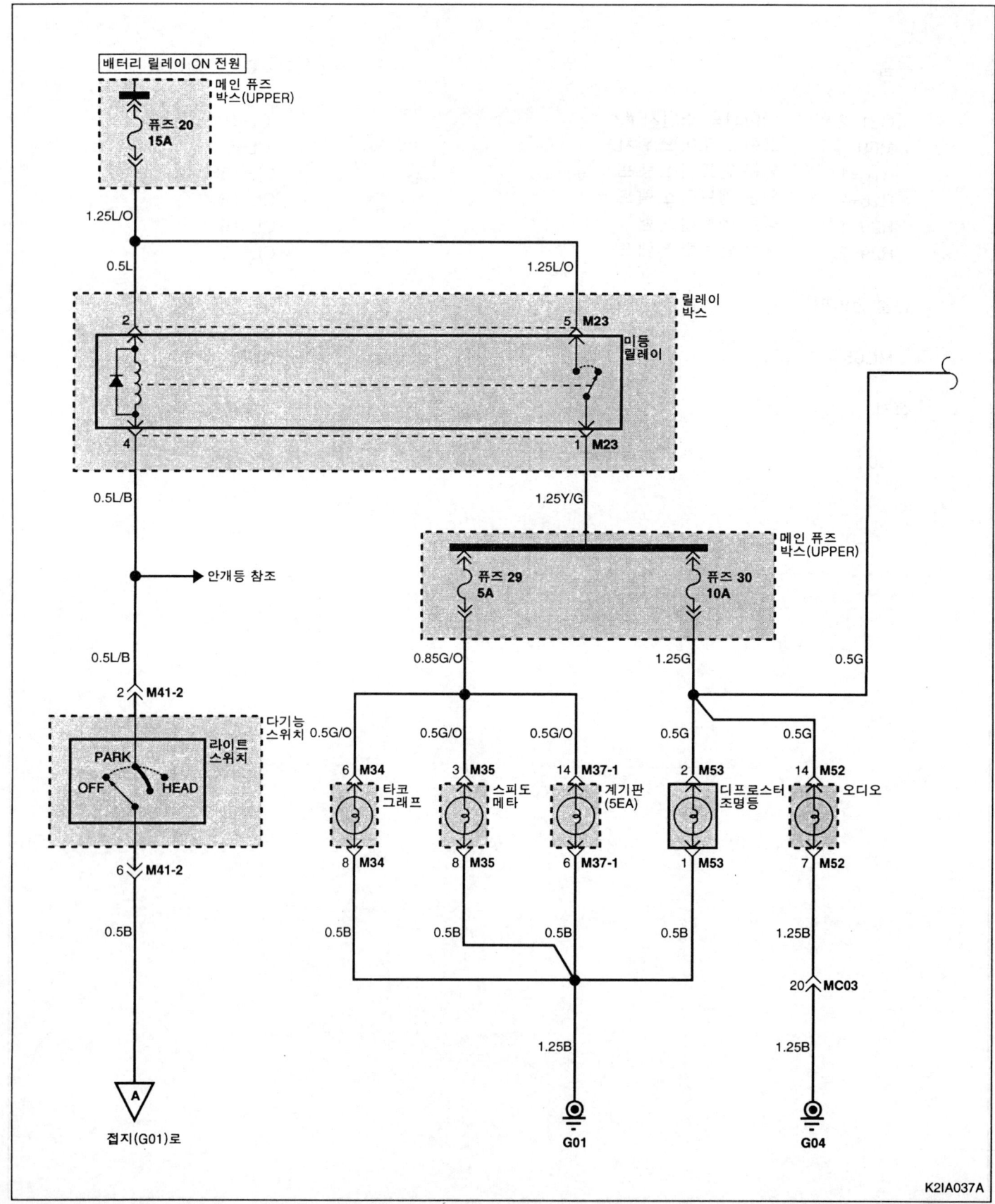

조명등

조명등(2)

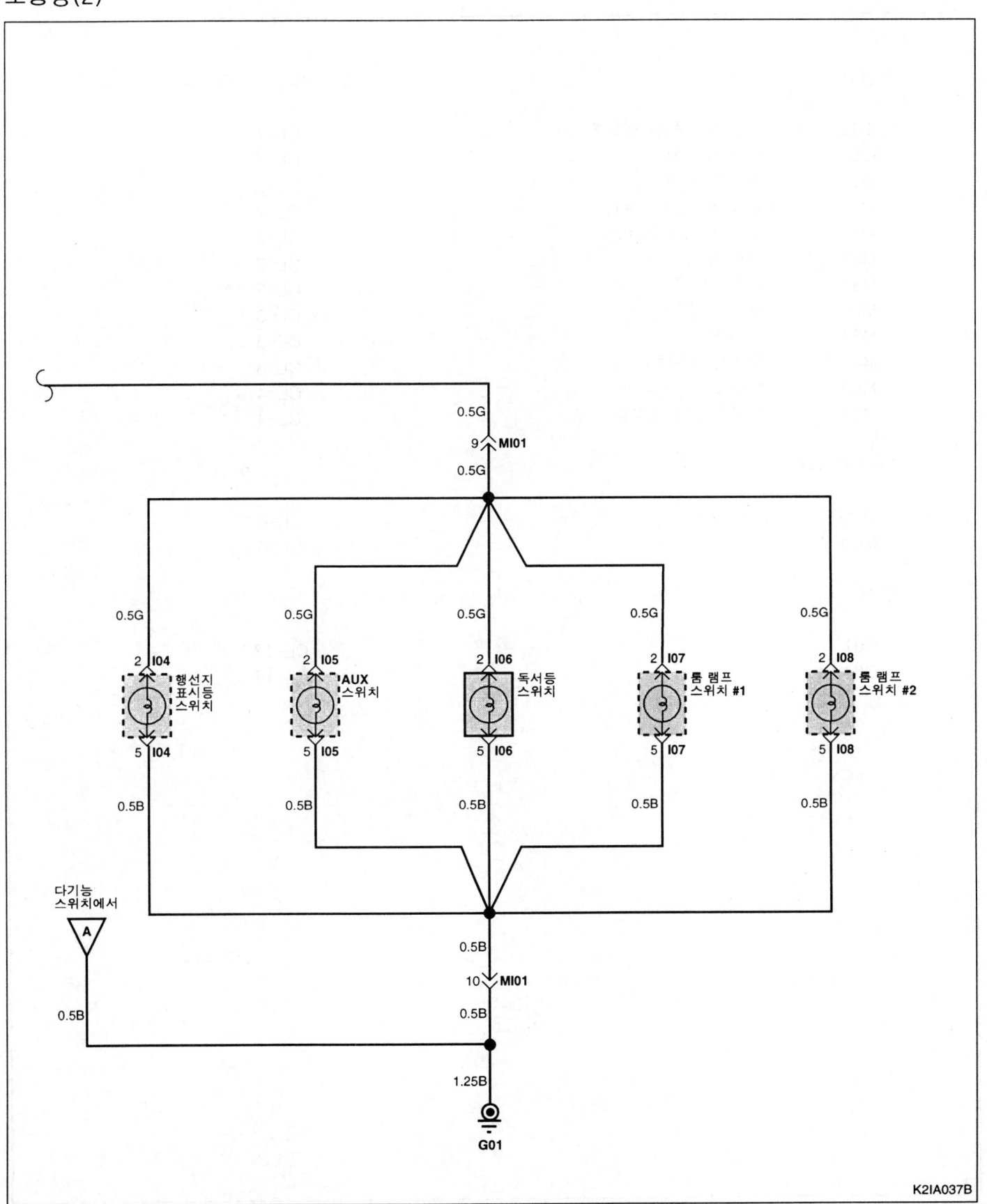

구성 부품 위치 색인표

부품		부품 위치도 - 페이지
I04	행선지 표시등 스위치	CL-7
I05	AUX 스위치	CL-7
I06	독서등 스위치	CL-7
I07	룸 램프 스위치 #1	CL-7
I08	룸 램프 스위치 #2	CL-7
M23	미등 릴레이	CL-2
M34	타코그래프	CL-3
M35	스피도 메타	CL-3
M37-1	계기판	CL-3
M41-2	다기능 스위치	CL-3
M52	오디오	CL-4
M53	디프로스터 조명등	CL-4

연결 컨넥터

| MC03 | CL-6 |
| MI01 | CL-6 |

접지

| G01 | CL-17 |
| G04 | CL-17 |

MEMO

벤티레이터 컨트롤 회로

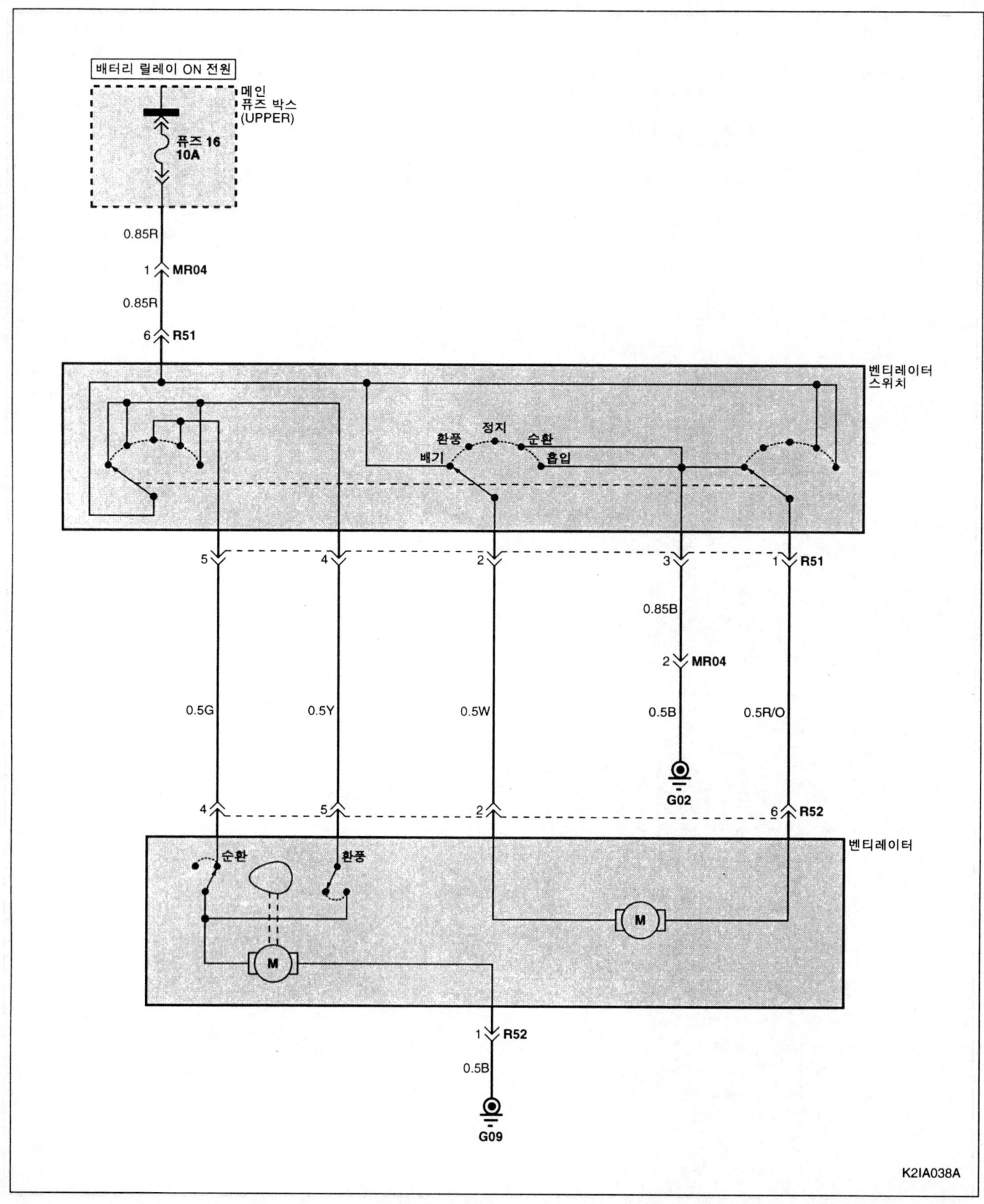

벤티레이터 컨트롤 회로

구성 부품 위치 색인표

부품		부품 위치도 - 페이지
R51	벤티레이터 스위치	CL-16
R52	벤티레이터	CL-16
접지		
G02		CL-17
G09		CL-18

SD-102 전기 회로도

에어 드라이어

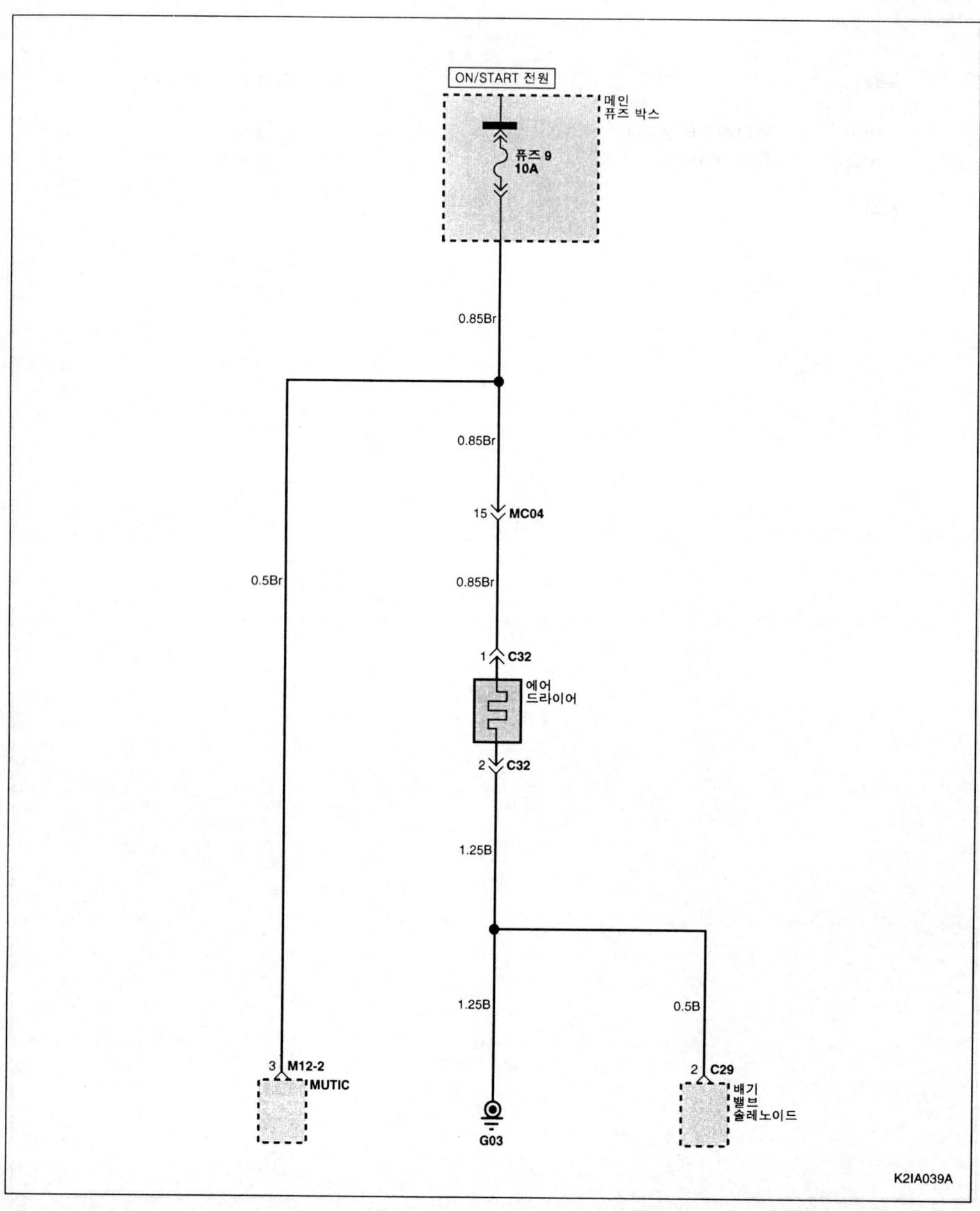

에어 드라이어   SD-103

구성 부품 위치 색인표

부품		부품 위치도 - 페이지
C32	에어 드라이어	CL-10
연결 컨넥터		
MC04		CL-6
접지		
G03		CL-17

디프로스터 컨트롤 회로

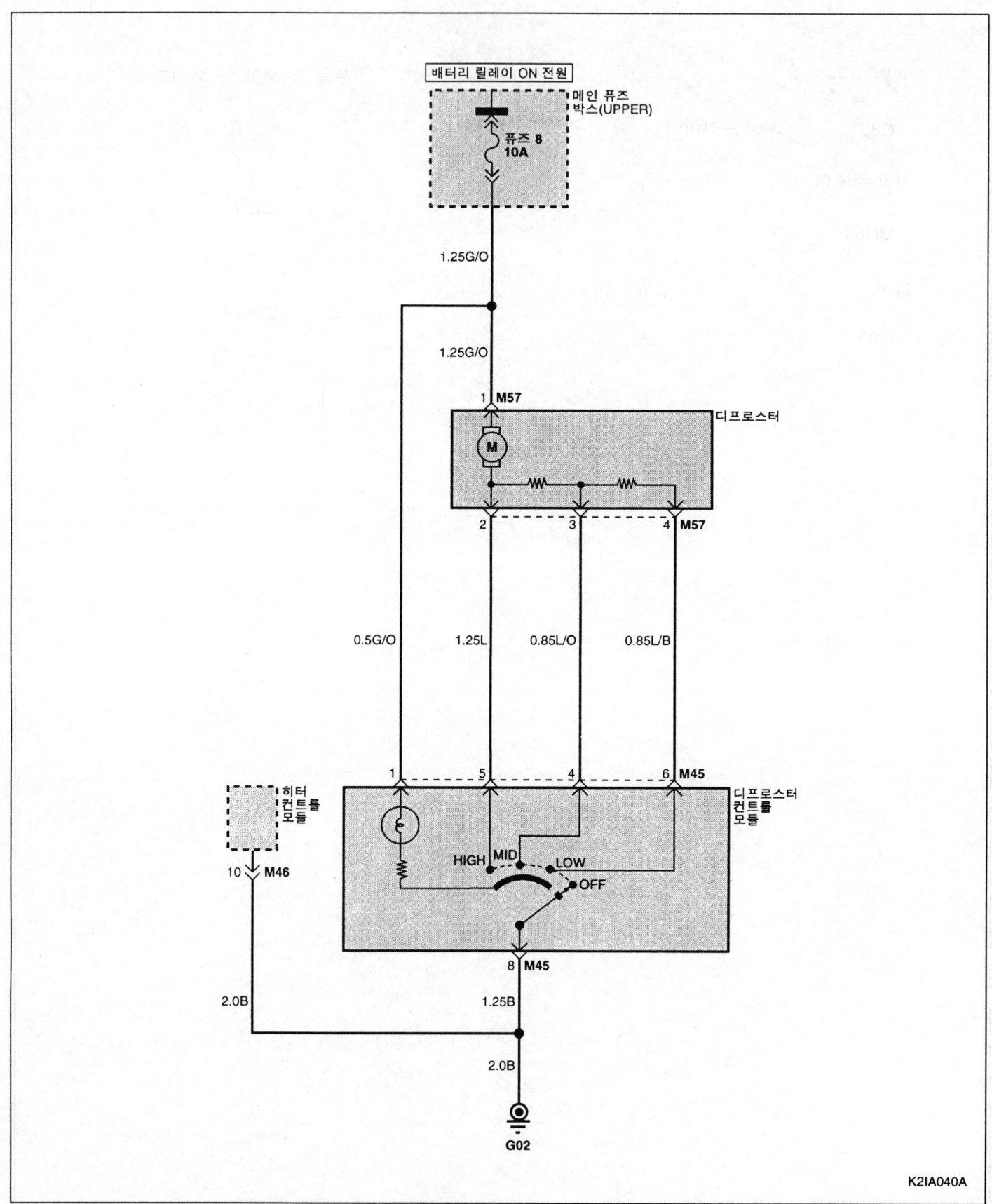

디프로스터 컨트롤 회로

구성 부품 위치 색인표

부품		부품 위치도 - 페이지
M45	디프로스터 컨트롤 모듈	CL-3
M46	히터 컨트롤 모듈	CL-3
M57	디프로스터	CL-4
접지		
G02		CL-17

SD-106 전기 회로도

히터 회로

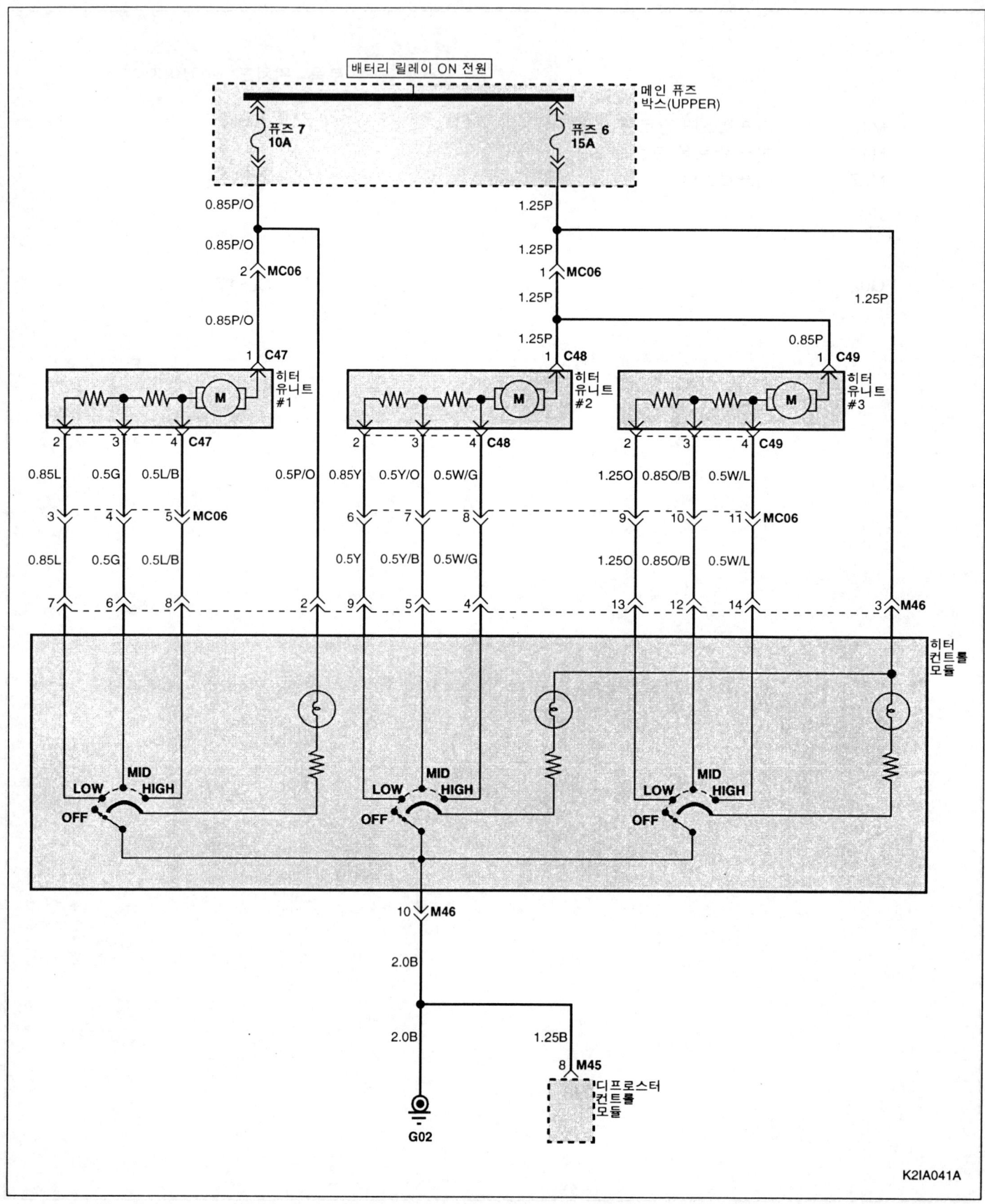

히터 회로

SD-107

구성 부품 위치 색인표

부품		부품 위치도 - 페이지
C47	히터 유니트 #1	CL-11
C48	히터 유니트 #2	CL-12
C49	히터 유니트 #3	CL-12
M45	디프로스터 컨트롤 모듈	CL-3
M46	히터 컨트롤 모듈	CL-3

연결 컨넥터

| MC06 | | CL-6 |

접지

| G02 | | CL-17 |

에어컨 컨트롤 회로

에어컨 컨트롤 회로(1)

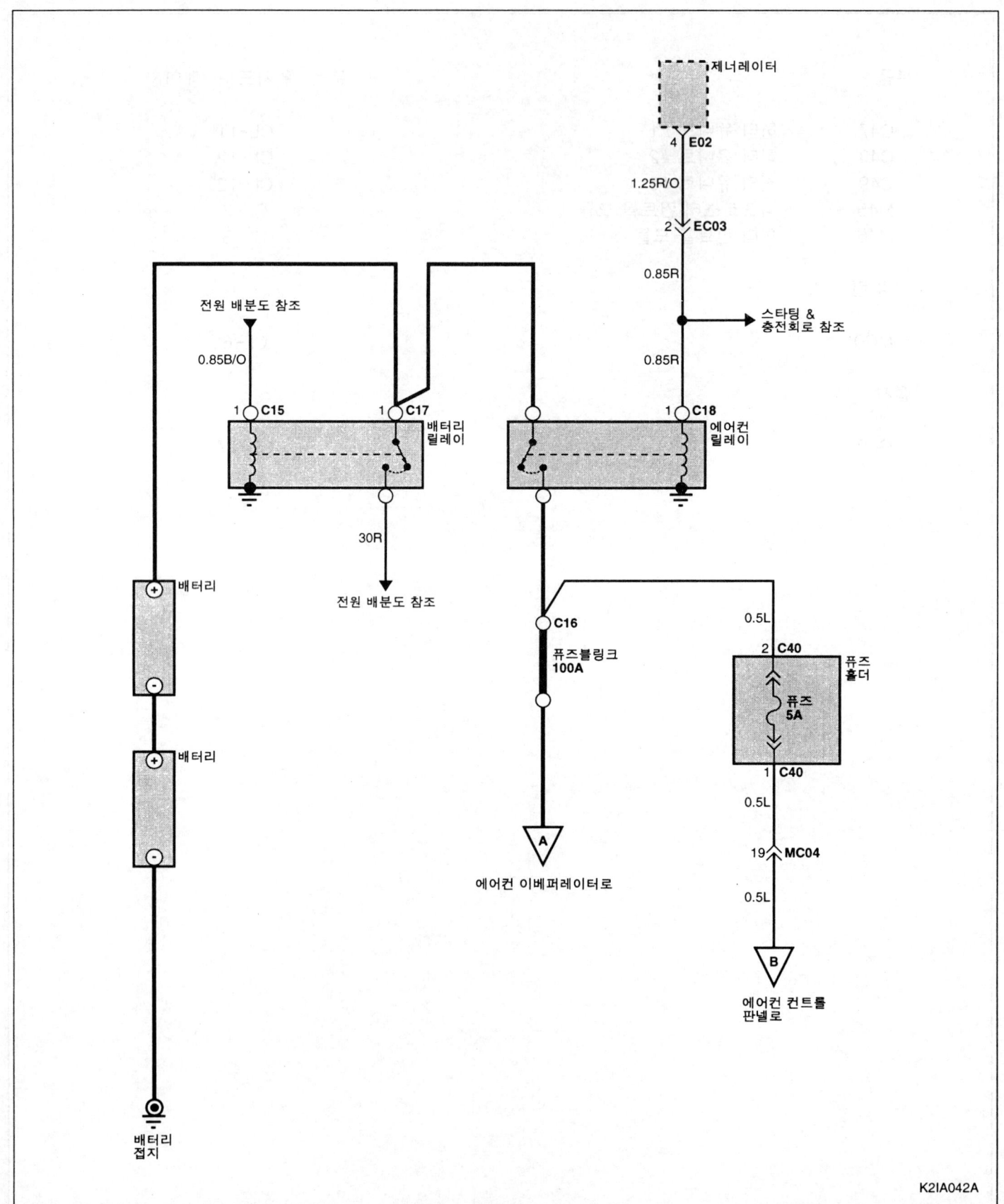

에어컨 컨트롤 회로

에어컨 컨트롤 회로(2)

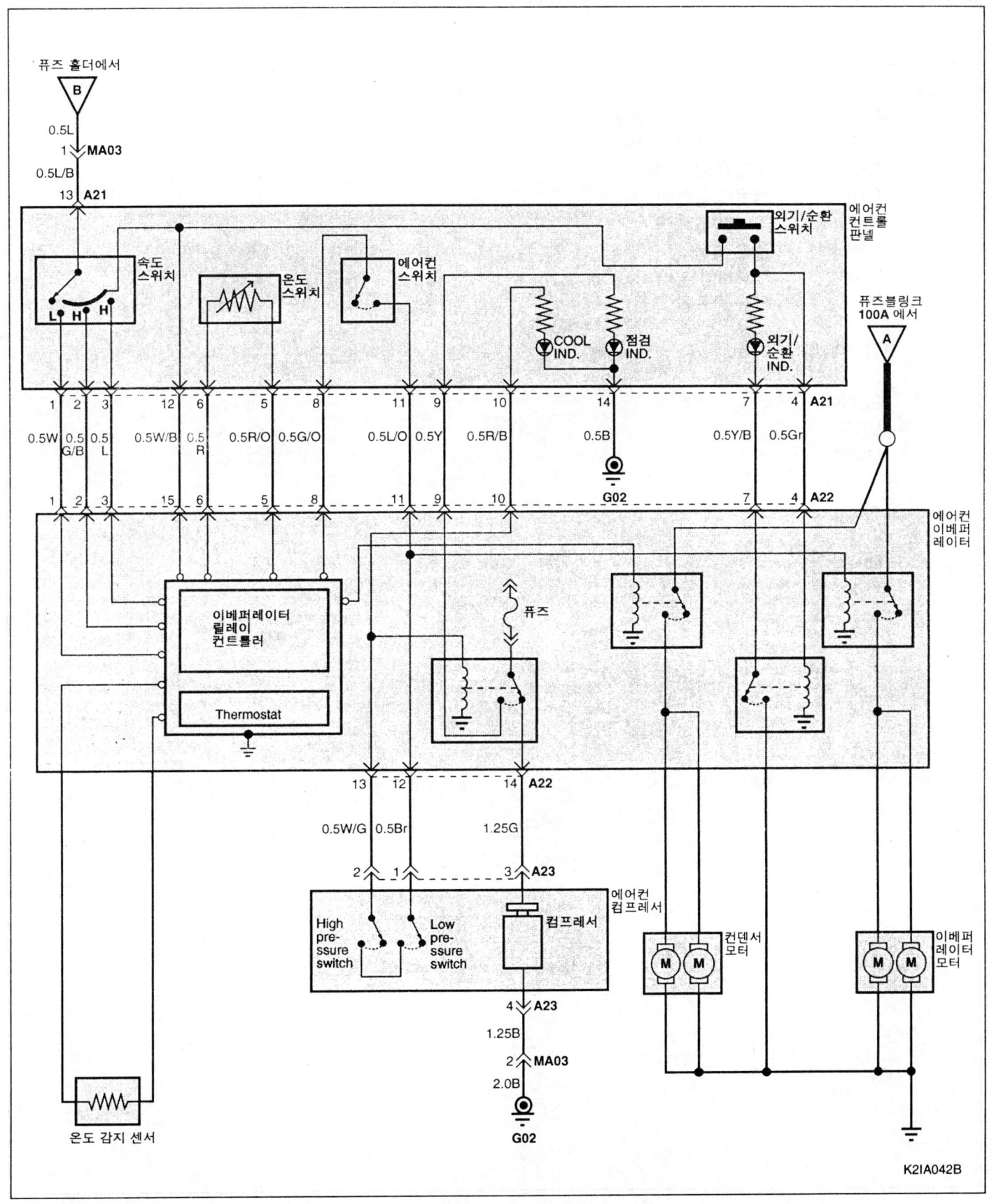

구성 부품 위치 색인표

부품		부품 위치도 - 페이지
A21	에어컨 컨트롤 판넬	CL-13
A22	에어컨 이베퍼레이터	CL-13
A23	에어컨 컴프레서	CL-13
C15	배터리 릴레이	CL-9
C18	에어컨 릴레이	CL-9
C40	퓨즈 홀더	CL-11
E02	제너레이터	CL-7
M46	히터 컨트롤 모듈	CL-3

연결 컨넥터

EC03	CL-7
MA03	CL-5
MC04	CL-6

접지

| G02 | CL-17 |

구성 부품 위치도

메인 하니스	CL-2
엔진 & 프런트 스위치 판넬 하니스	CL-7
샤시 하니스	CL-8
ABS & 에어컨 하니스	CL-13
스티커 & 램프 하니스	CL-14
접지	CL-17

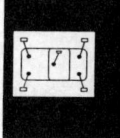

메인 하니스

메인 하니스(1)

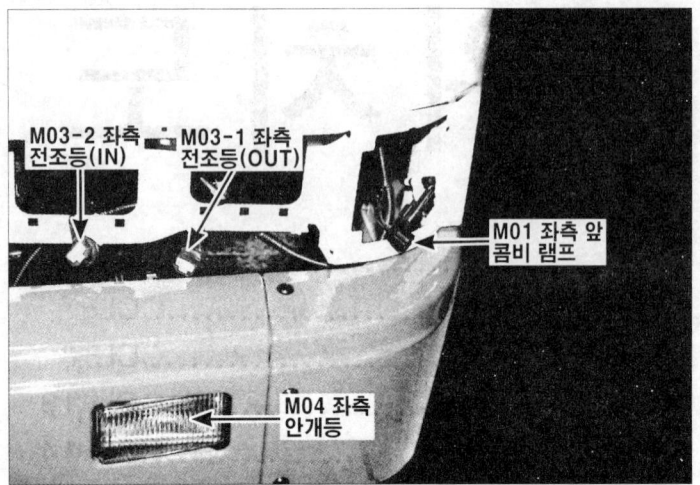

M01,M03-1,M03-2,M04

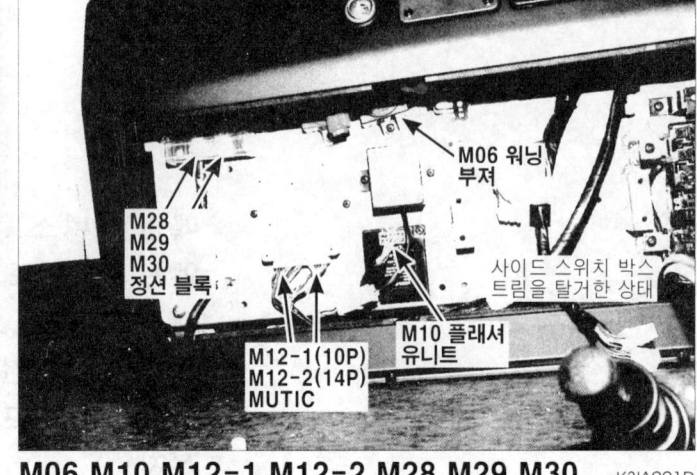

M06,M10,M12-1,M12-2,M28,M29,M30

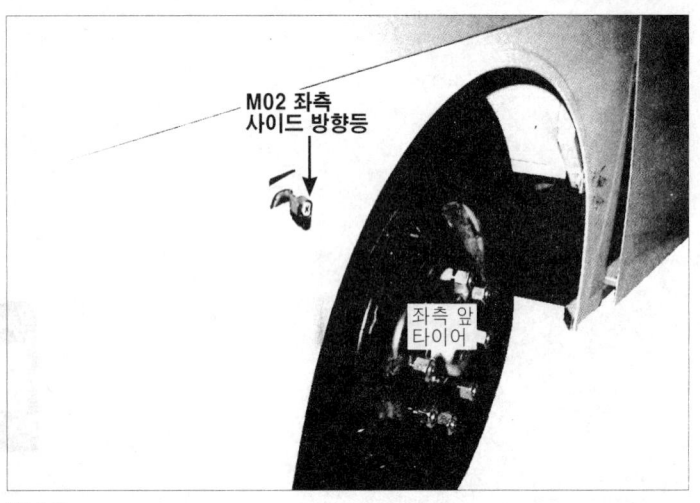

M02

M09

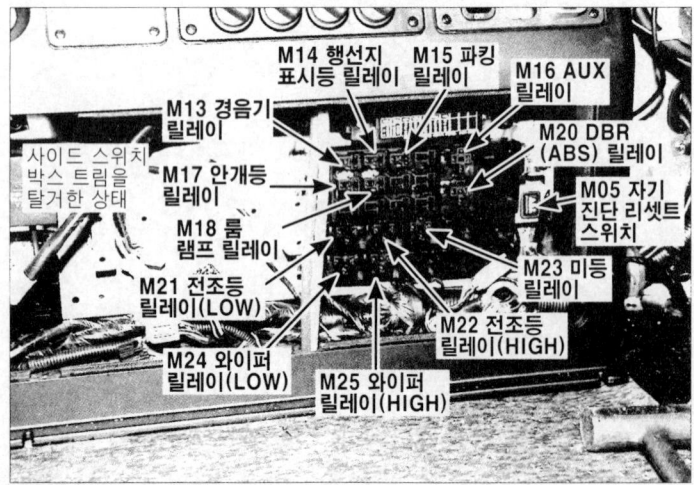

M05,M13,M14,M15,M16,M17,M18
M20,M21,M22,M23,M24,M25

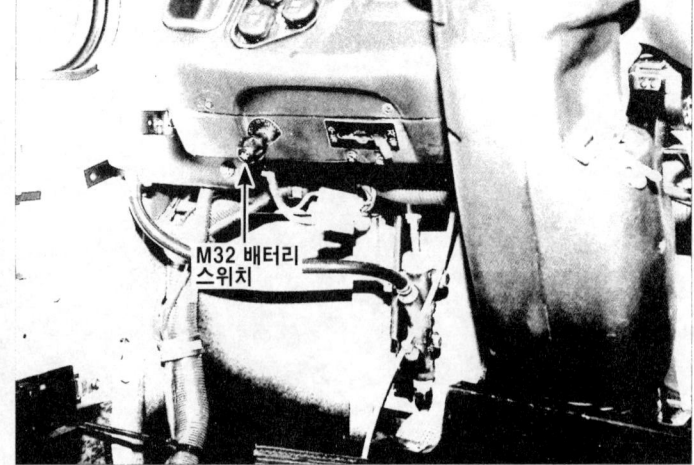

M32

메인 하니스(2)

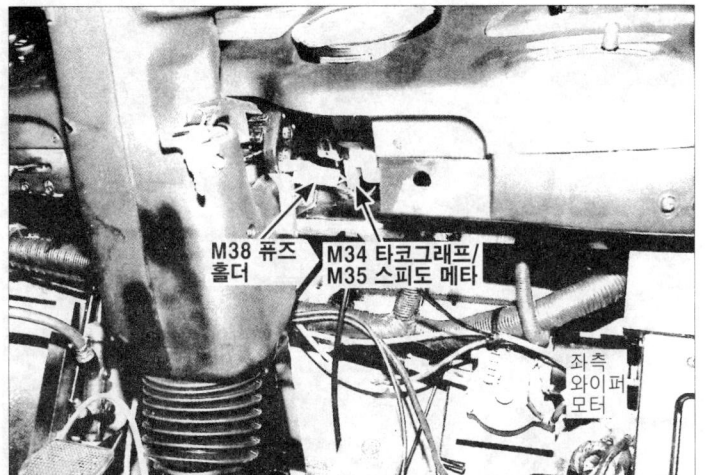

M34, M35, M38

M43

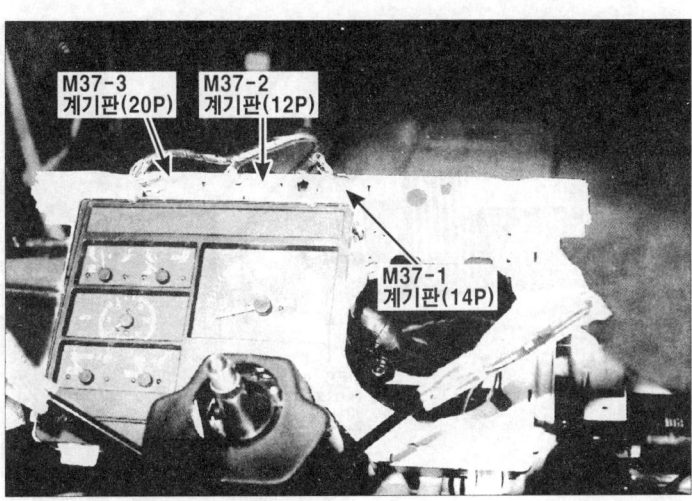

M37-1, M37-2, M37-3

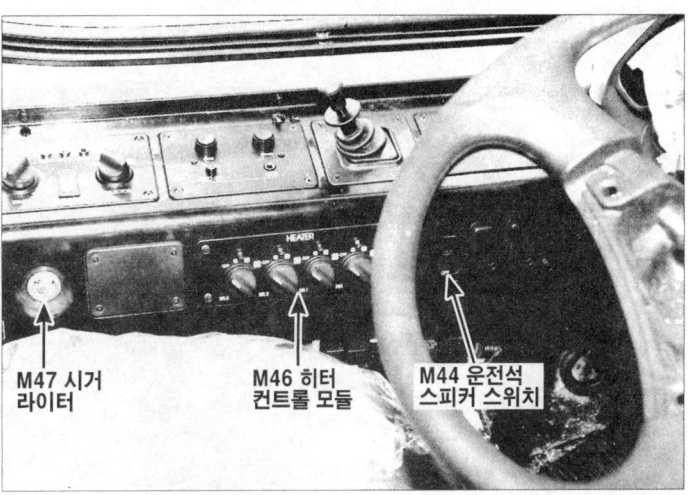

M44, M46, M47

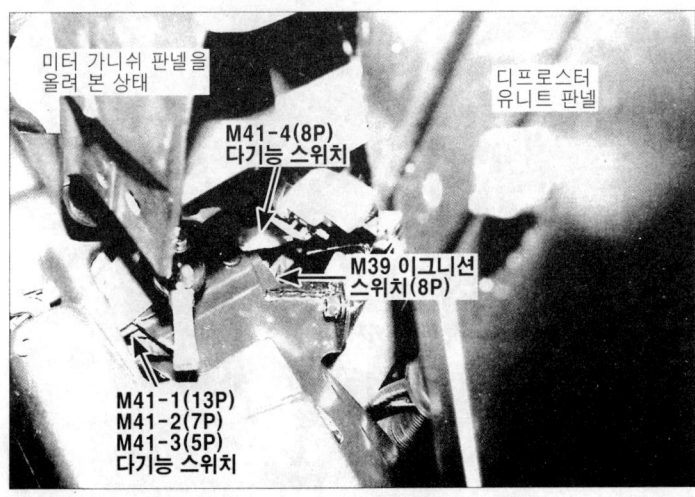

M39, M41-1, M41-2, M41-3, M41-4

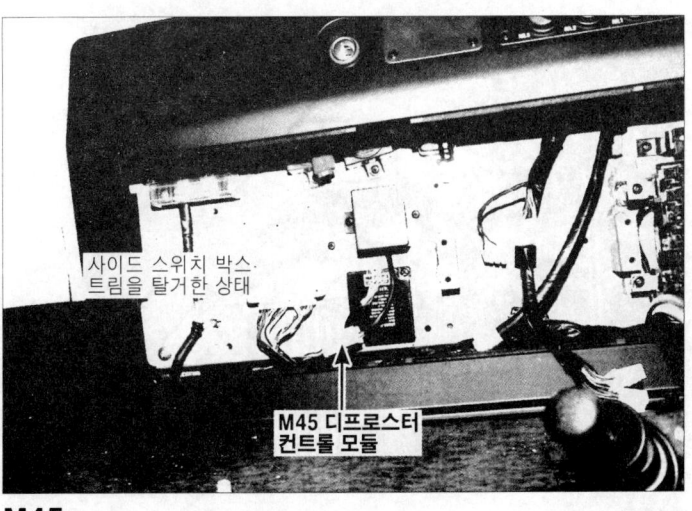

M45

메인 하니스(3)

M49, M54, M56

M58

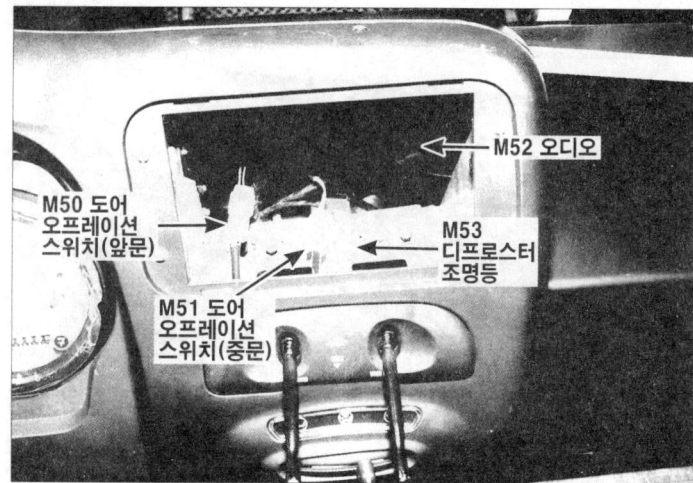

M50, M51, M52, M53

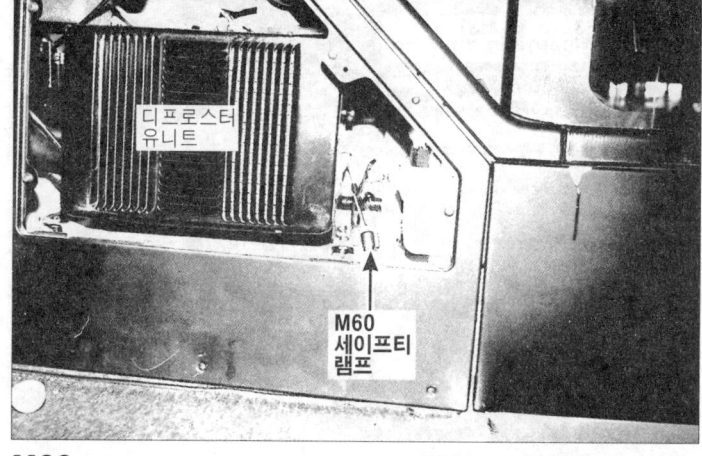

M60

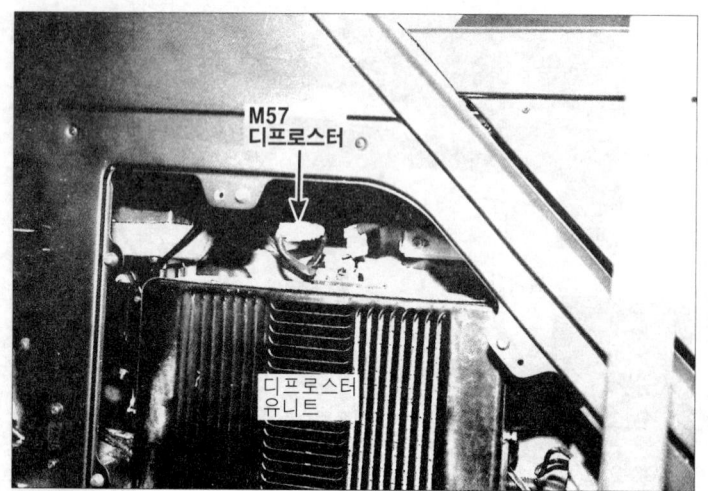

M57

M61

메인 하니스

메인 하니스(4)

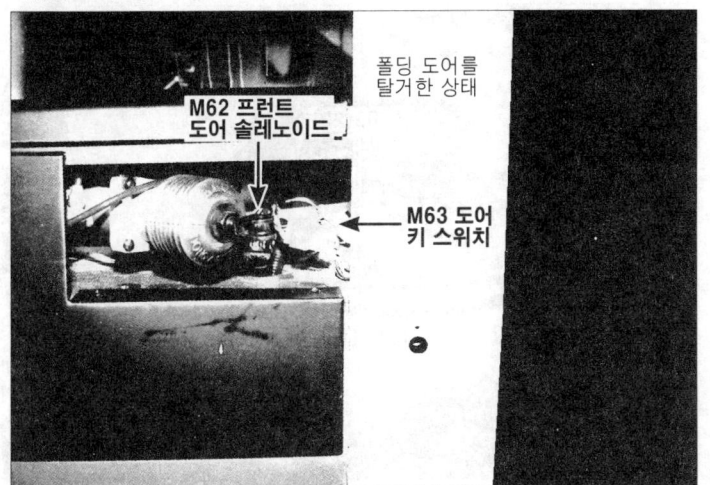

M62, M63

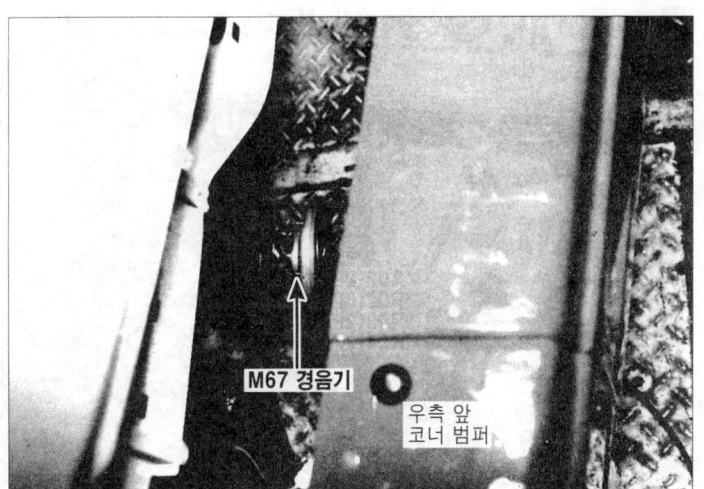

M67

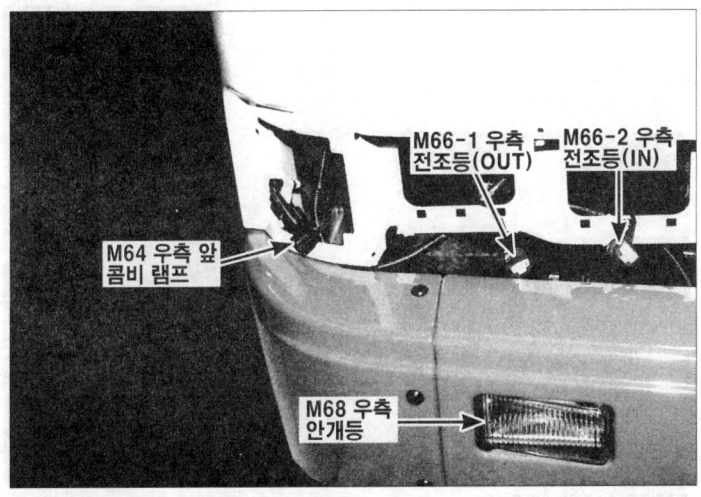

M64, M66-1, M66-2, M68

M69

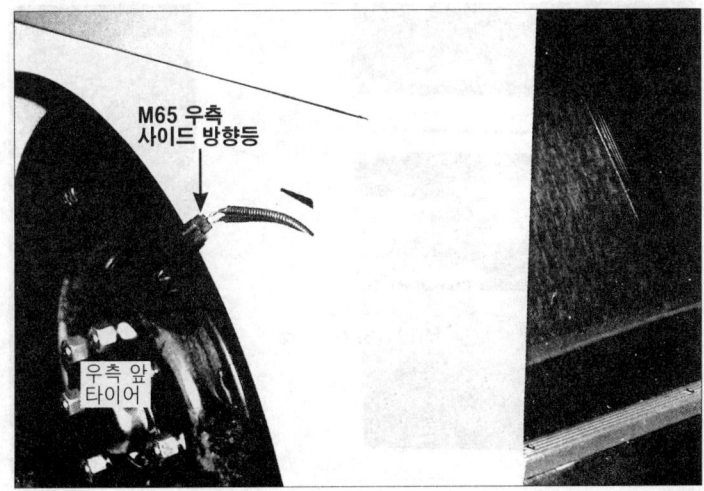

M65

MA01, MA02

메인 하니스(5)

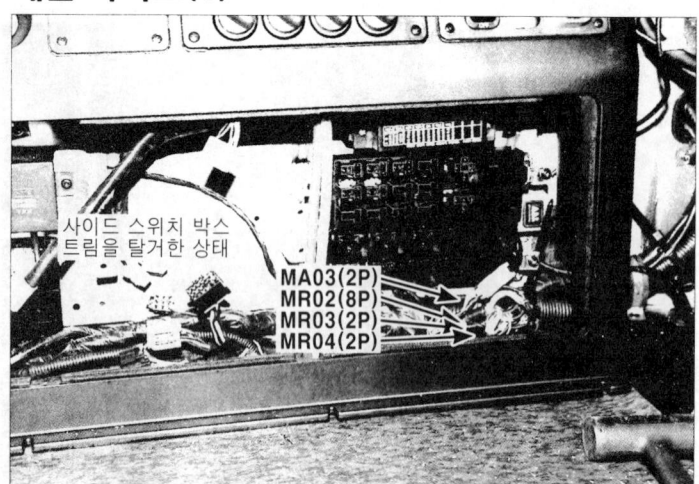

MA03,MR02,MR03,MR04

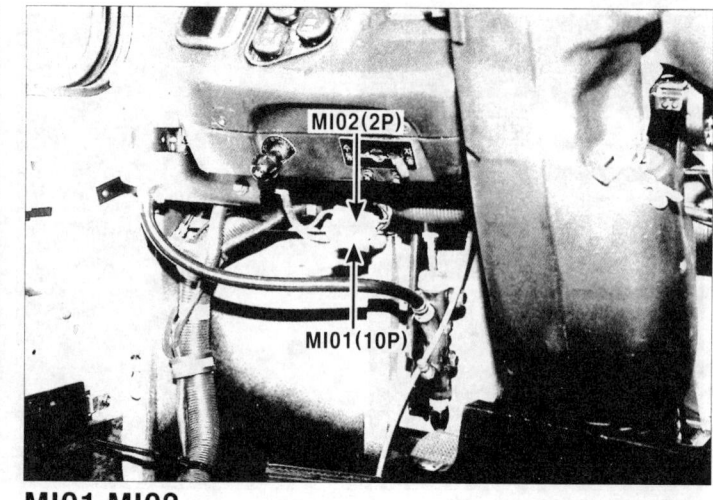

MI01,MI02

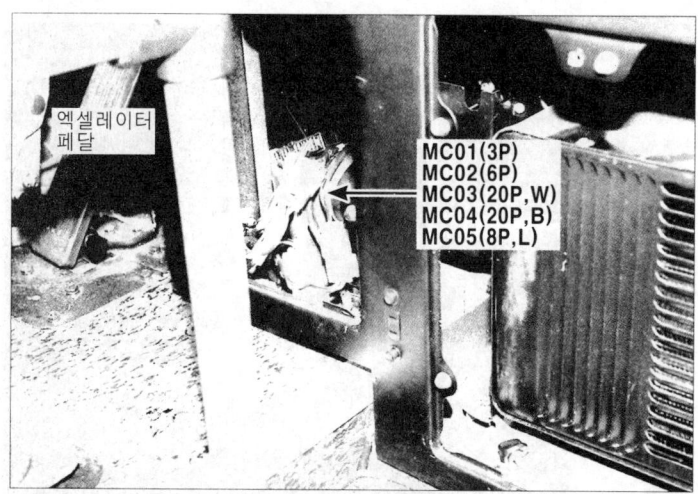

MC01,MC02,MC03,MC04,MC05

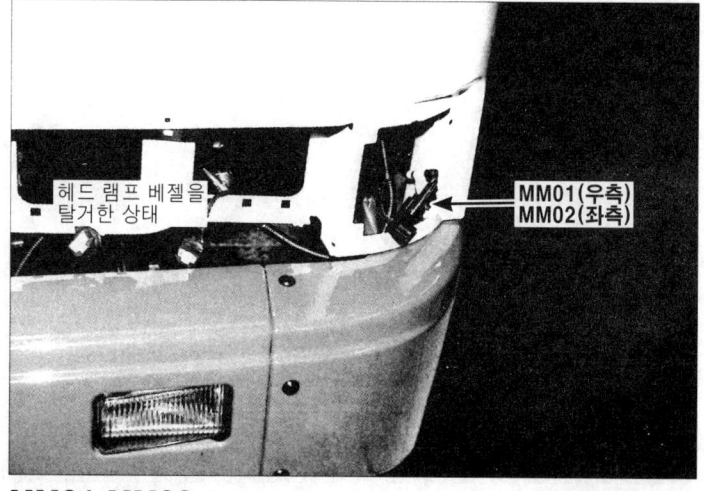

MM01,MM02

MC06

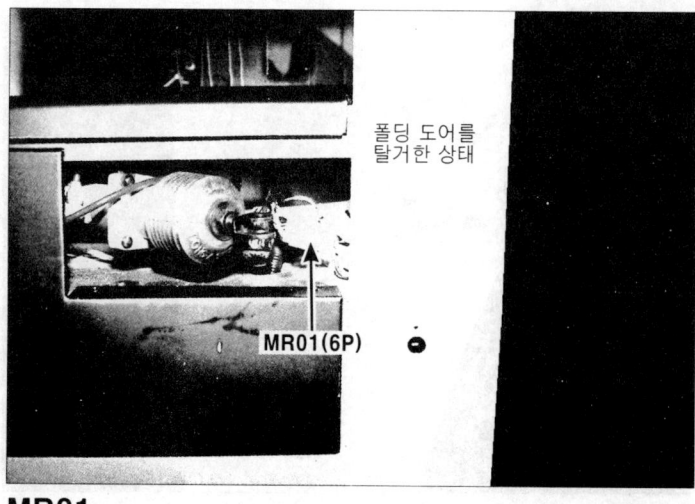

MR01

엔진 & 프런트 스위치 판넬 하니스

엔진 & 프런트 스위치 판넬 하니스(1)

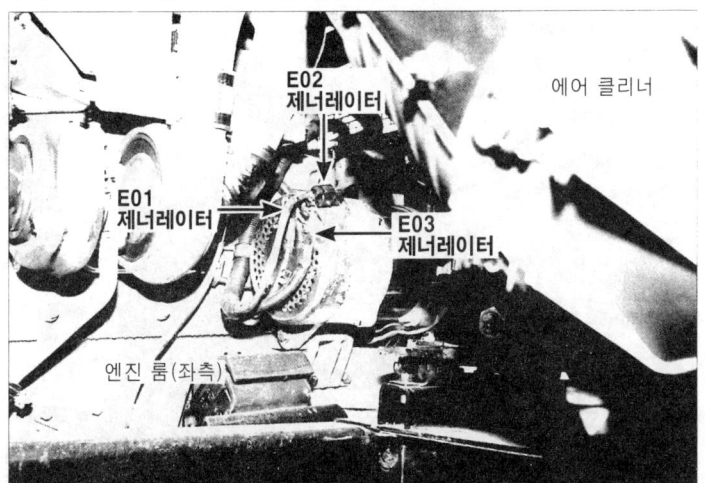

E01, E02, E03

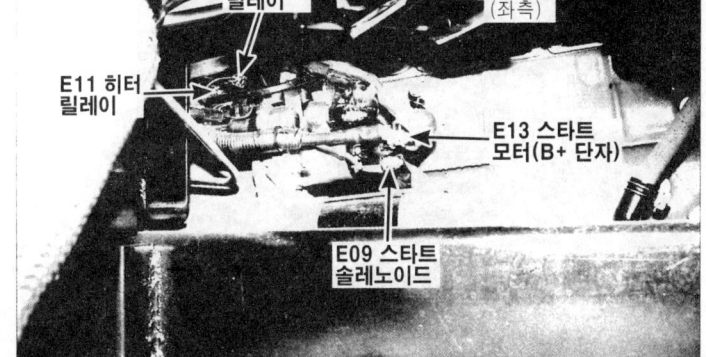

E09, E10, E11, E13

E05, E06, E07, E12

EC01, EC02, EC03

E08

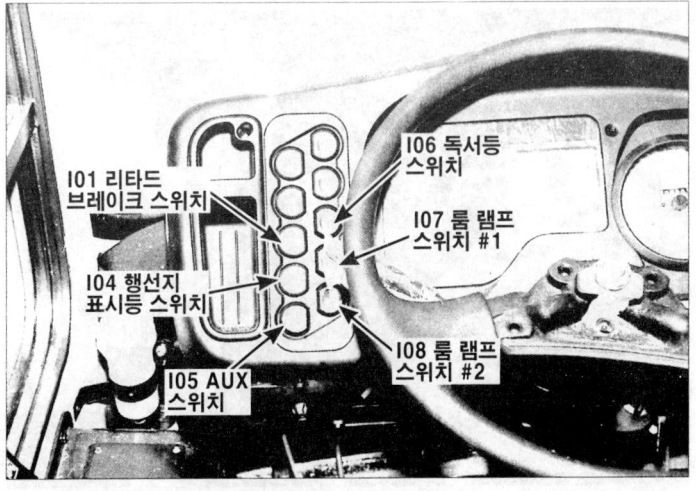

I01, I04, I05, I06, I07, I08

샤시 하니스

샤시 하니스(1)

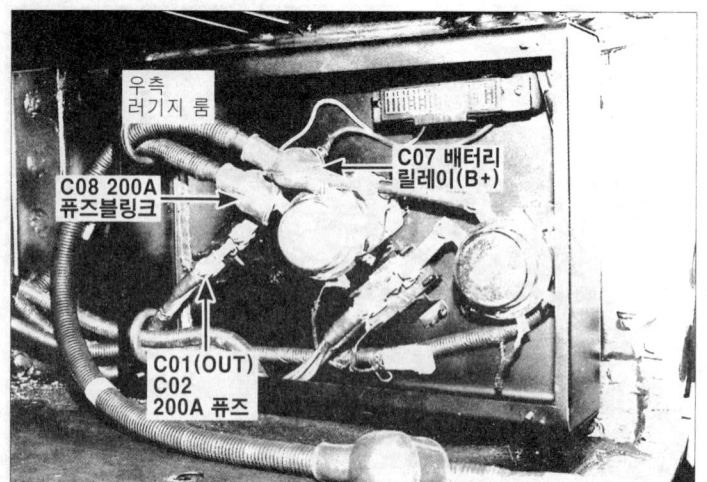

C01,C02,C07,C08

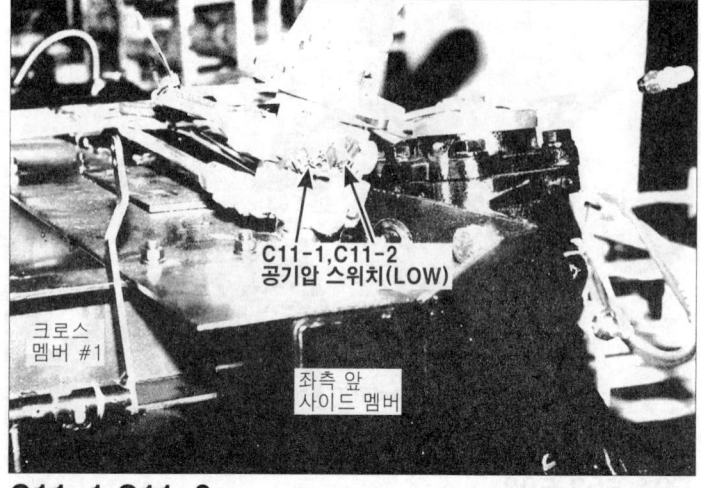

C11-1,C11-2

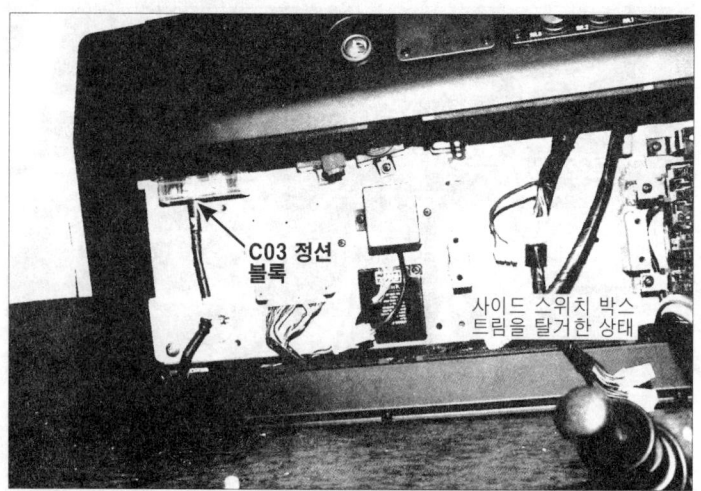

C03

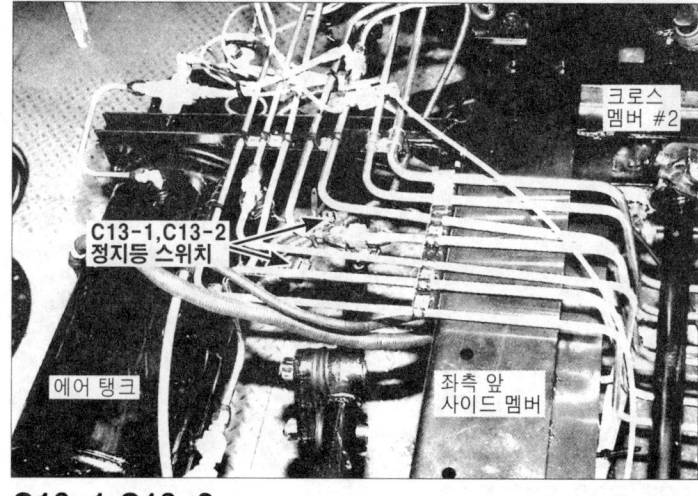

C13-1,C13-2

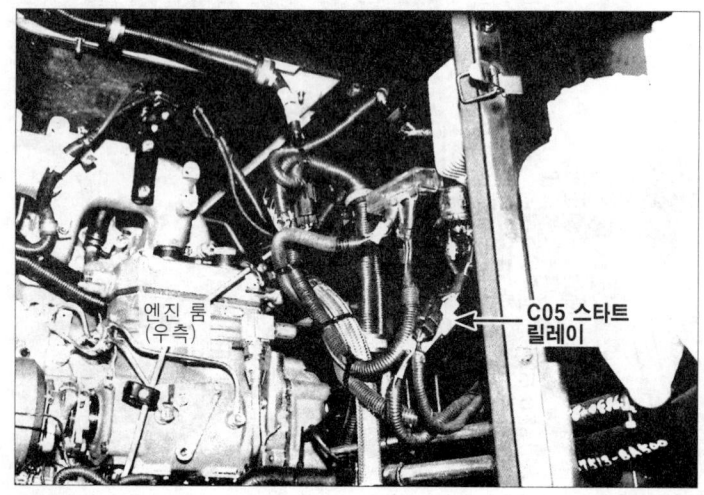

C05

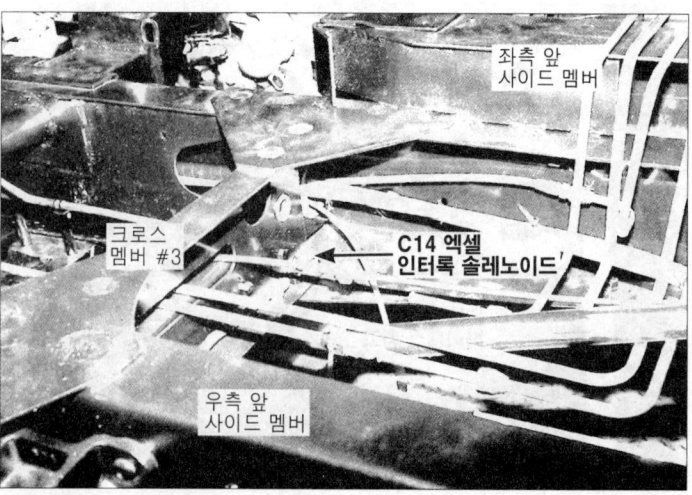

C14

샤시 하니스

샤시 하니스(2)

C15, C16, C18

C23

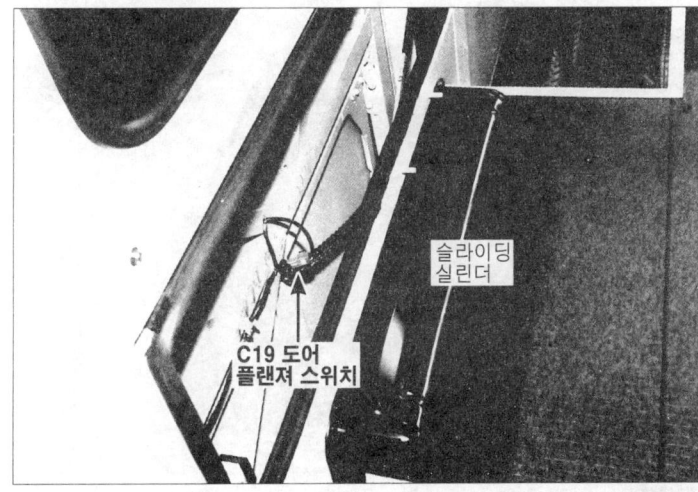

C19

C24

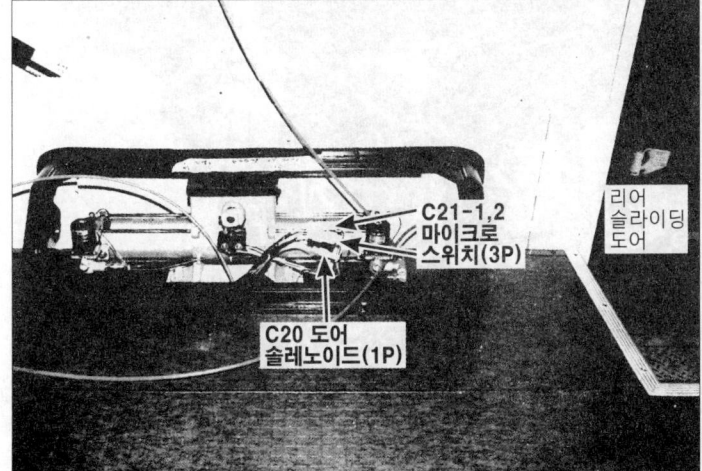

C20, C21-1, C21-2

C26

샤시 하니스(3)

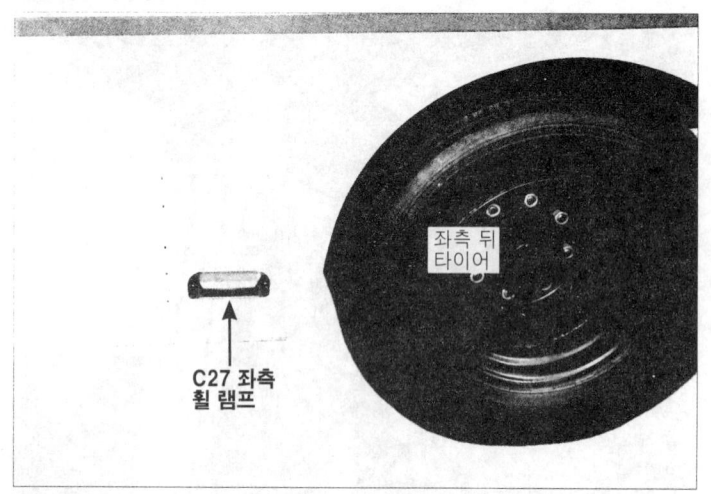

C27

C30

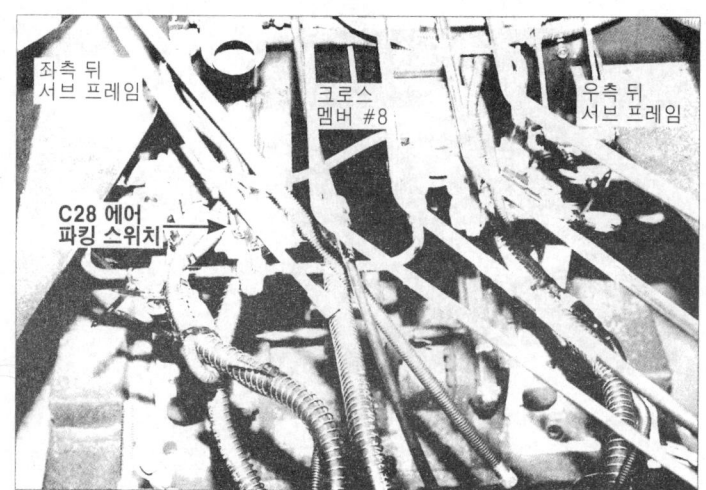

C28

C32

C29

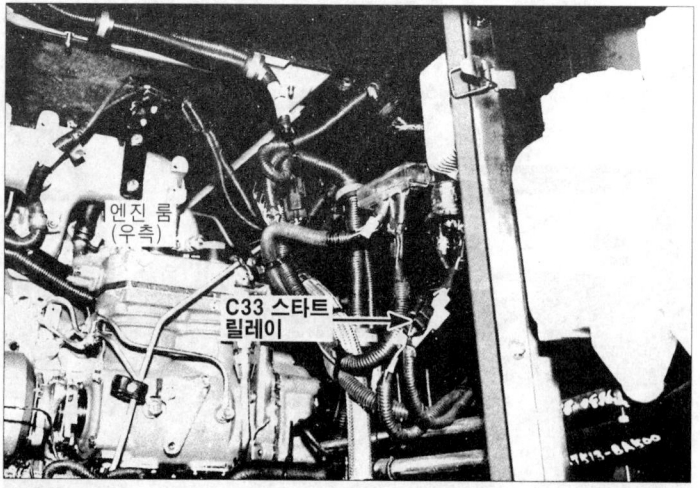

C33

샤시 하니스

샤시 하니스(4)

C34, C35

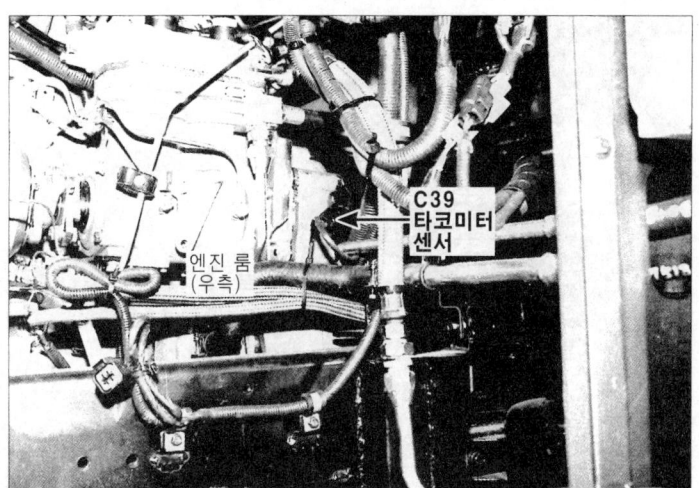

C39

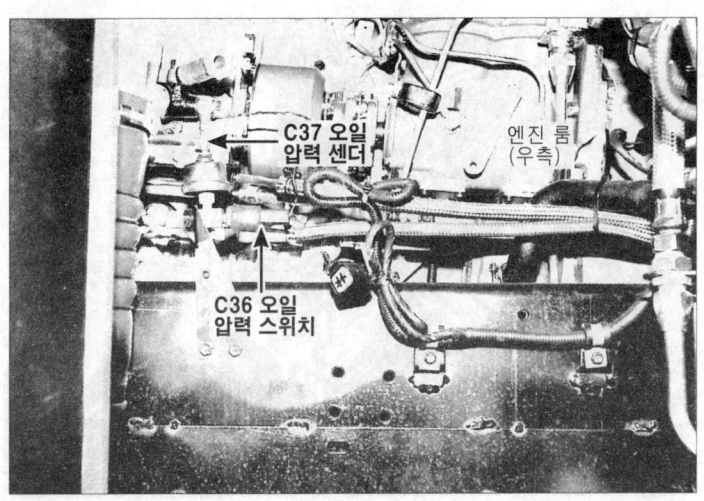

C36, C37

C40

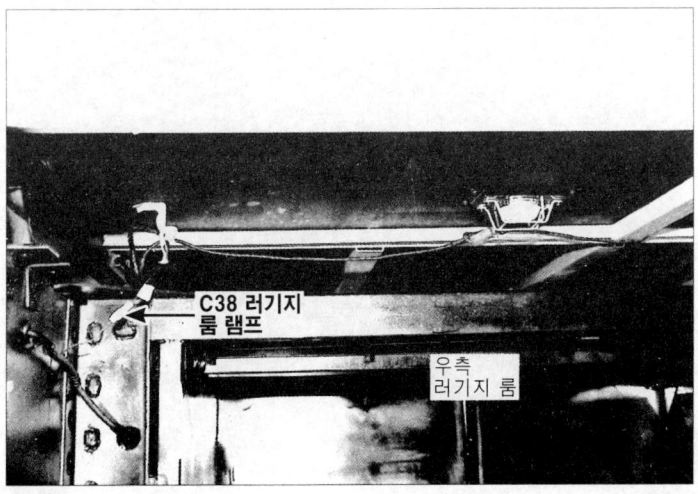

C38

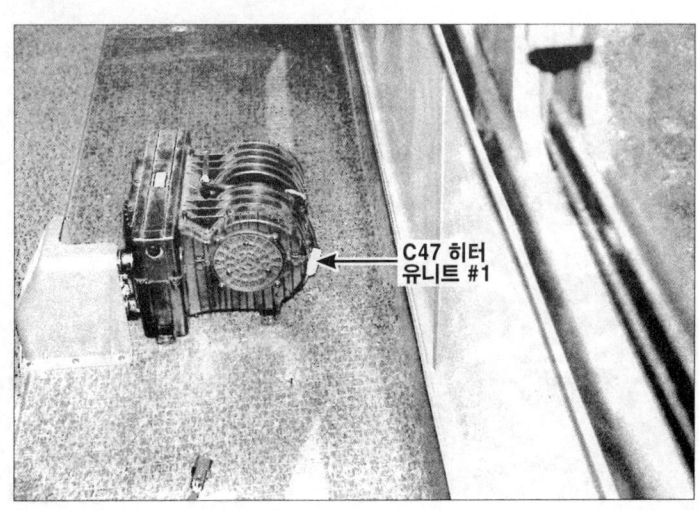

C47

샤시 하니스(5)

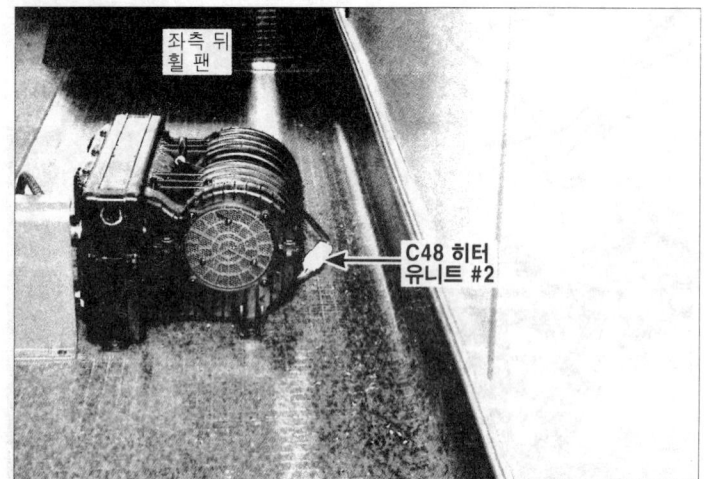
C48

CC02

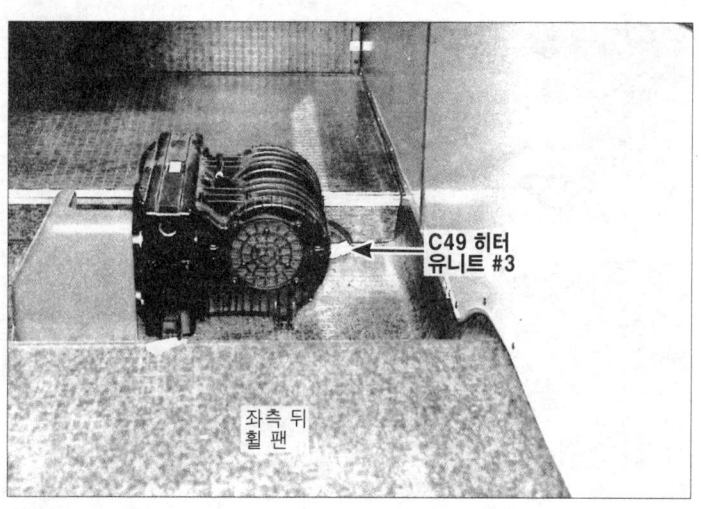
C49

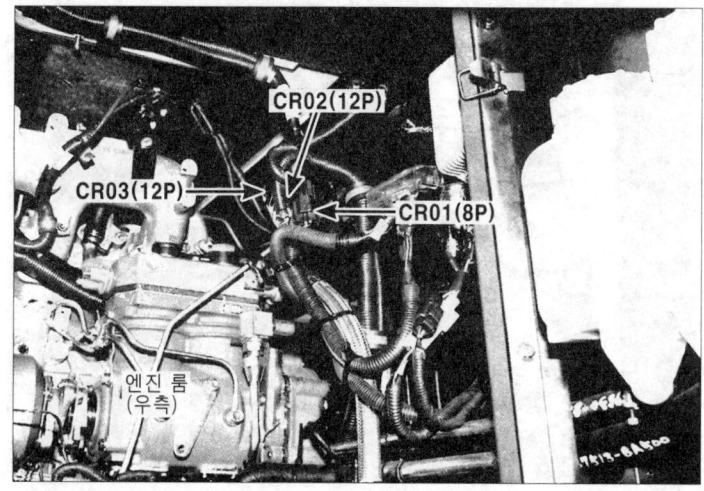
CR01, CR02, CR03

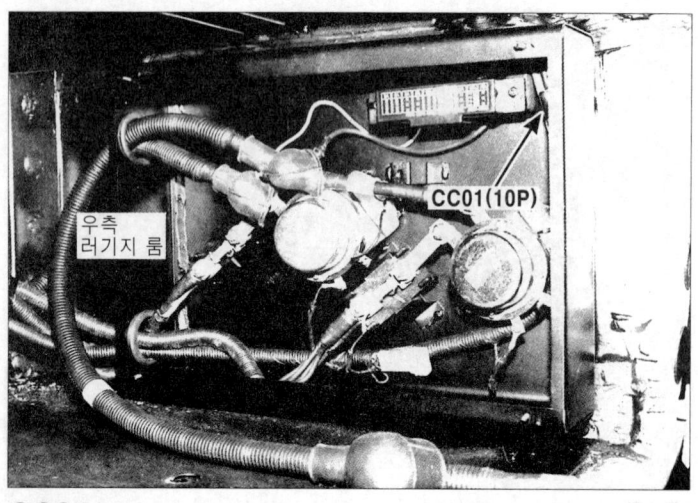
CC01

ABS & 에어컨 하니스

ABS & 에어컨 하니스(1)

A01-1, A01-2, A01-3, A01-4
A02-1, A02-2, A02-3, A02-4

A21

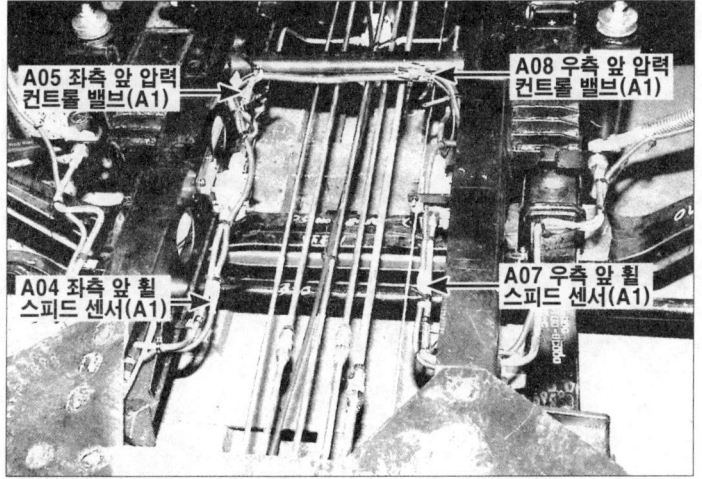

A04, A05, A07, A08

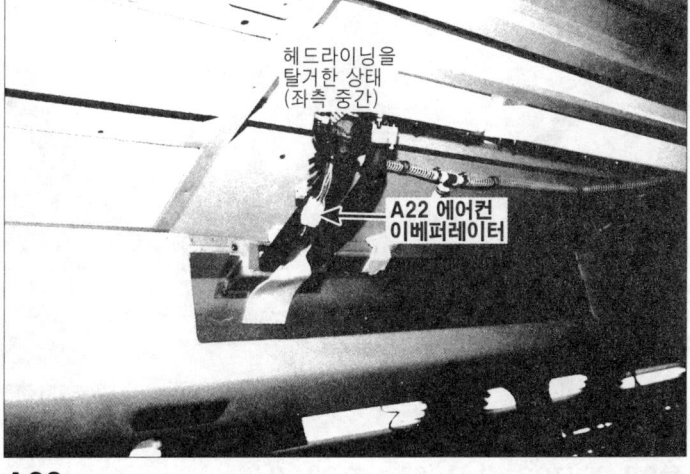

A22

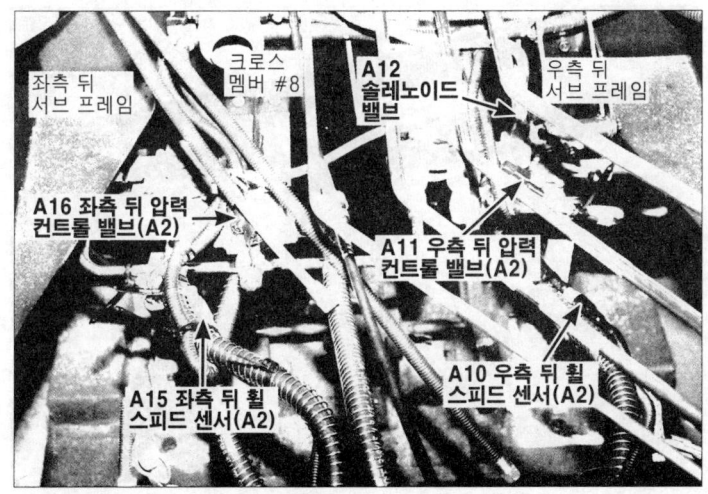

A10, A11, A12, A15, A16

A23

스피커 & 램프 하니스

스피커 & 램프 하니스(1)

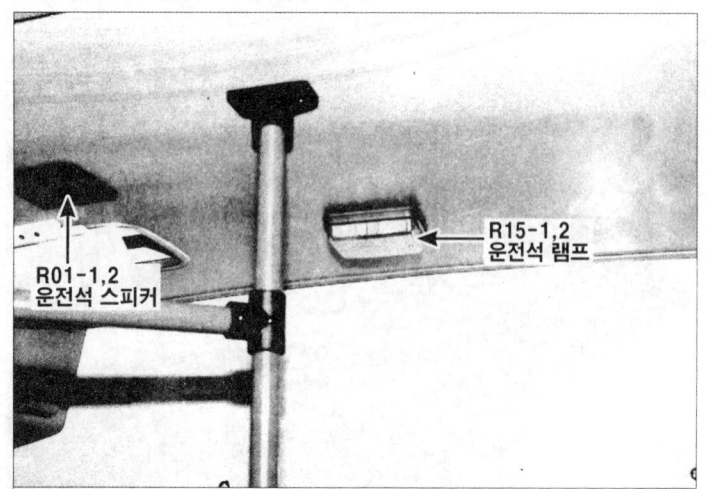

R01-1,R01-2,R15-1,R15-2

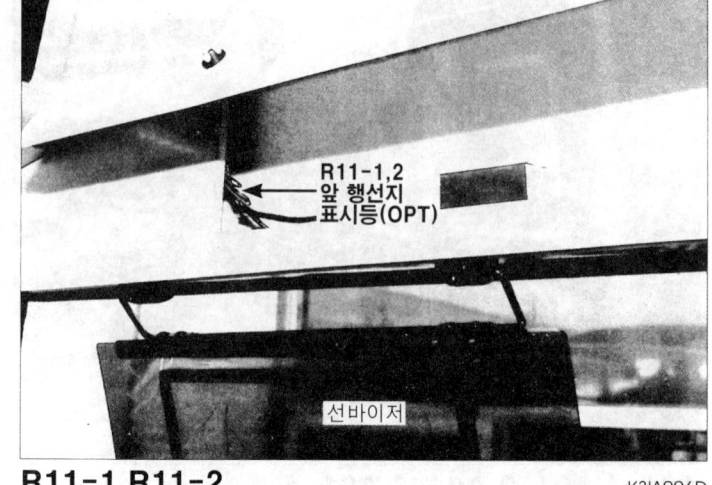

R11-1,R11-2

R02-1,R02-2,R03-1,R03-2

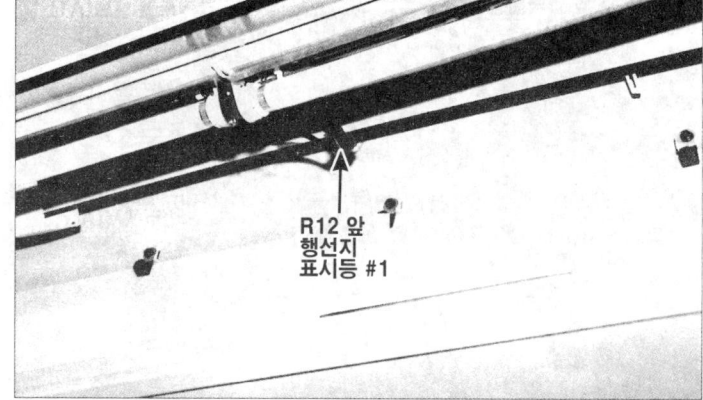

R12

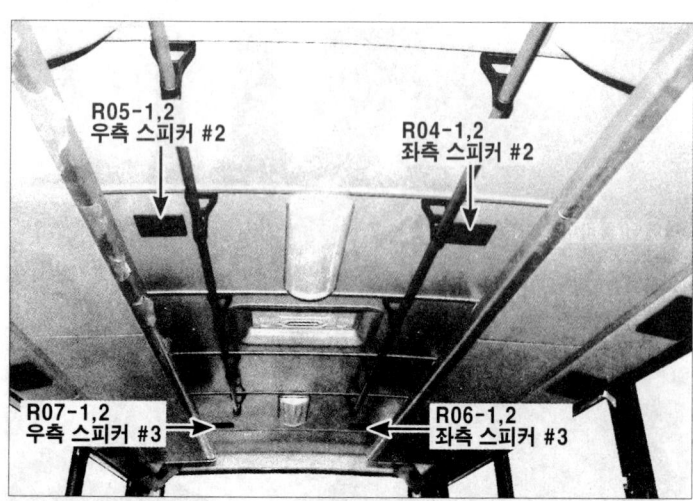

R04-1,R04-2,R05-1,R05-2
R06-1,R06-2,R07-1,R07-2

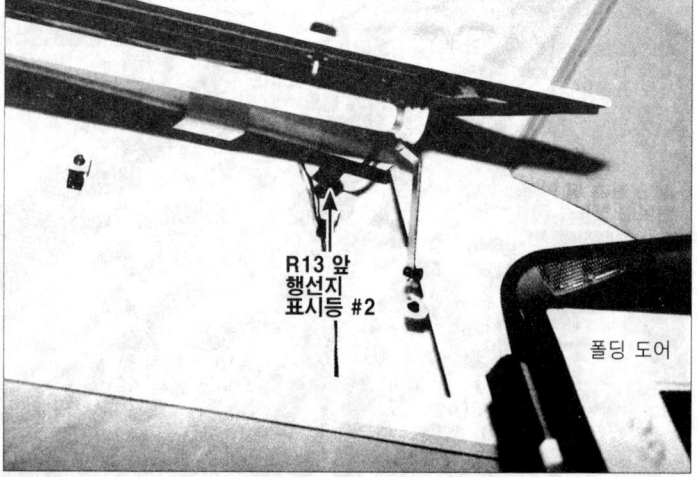

R13

스피커 & 램프 하니스

스피커 & 램프 하니스(2)

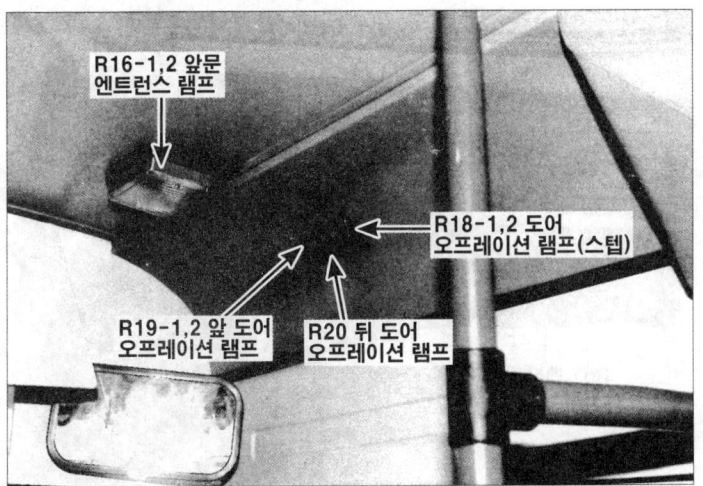

R16-1, R16-2, R18-1, R18-2
R19-1, R19-2, R20

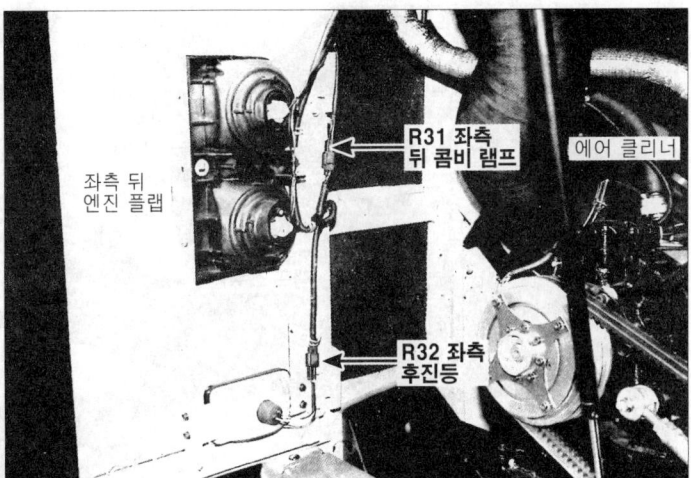

R31, R32

R21-1,2~R26-1,2

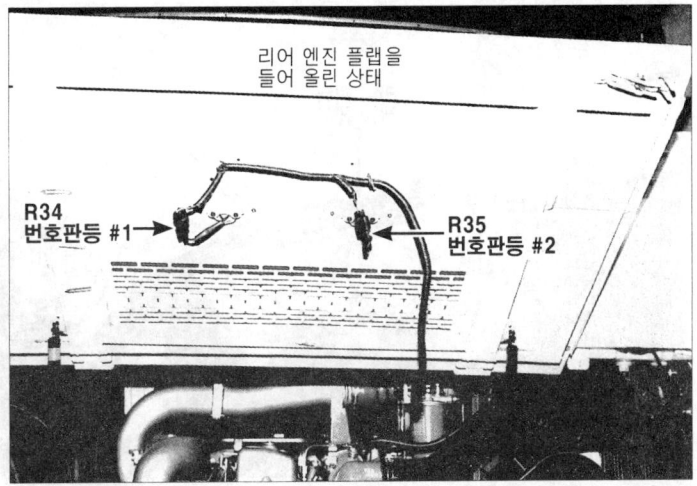

R34, R35

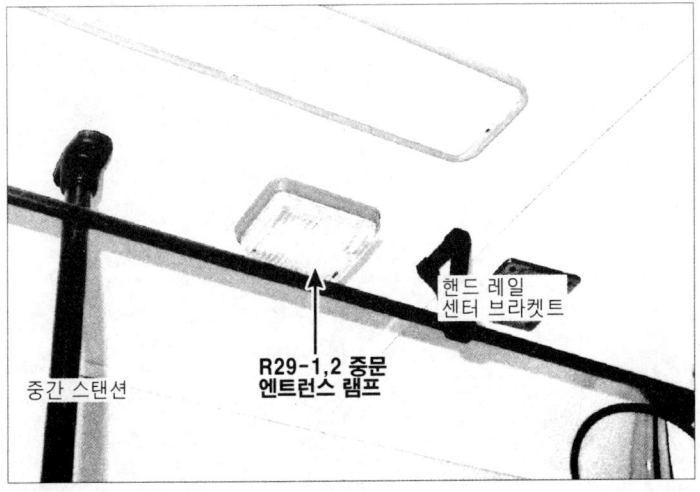

R29-1, R29-2

R40

스피커 & 램프 하니스(3)

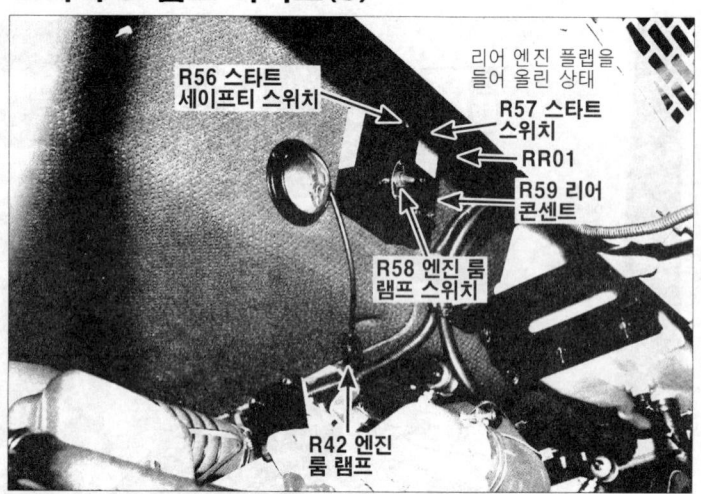

R42,R56,R57,R58,R59,RR01

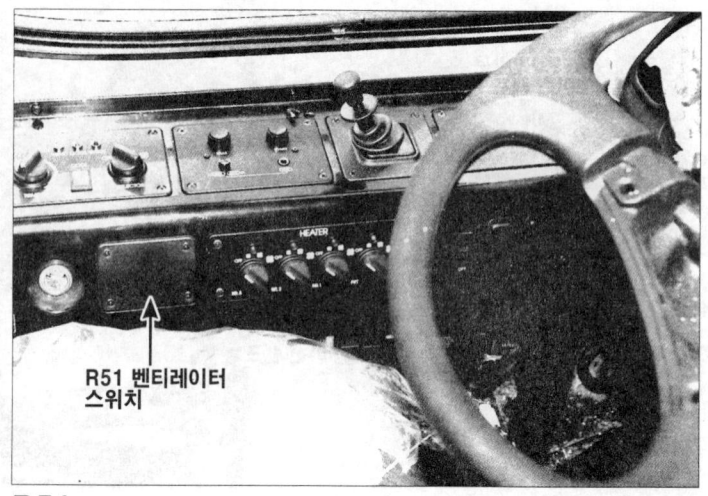

R51

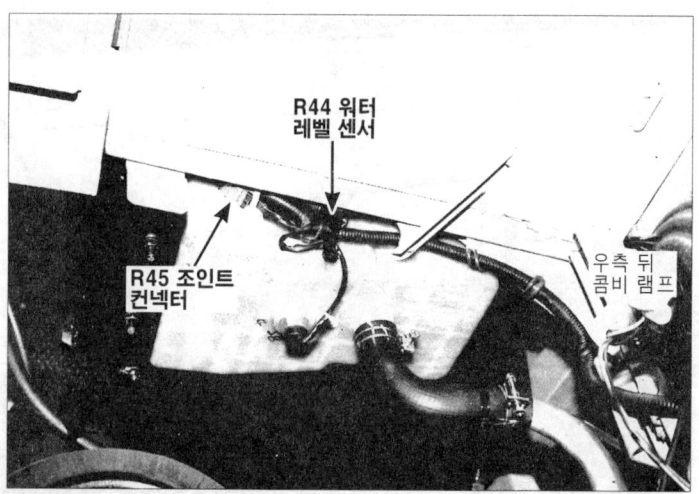

R44,R45

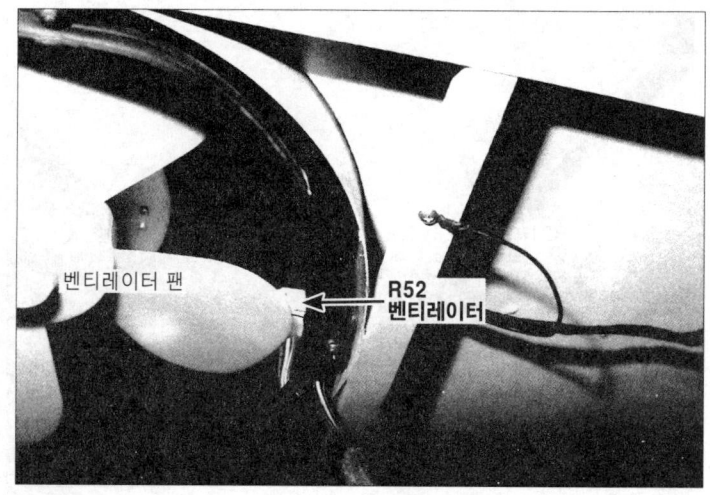

R52

R46,R48

접지

접지(1)

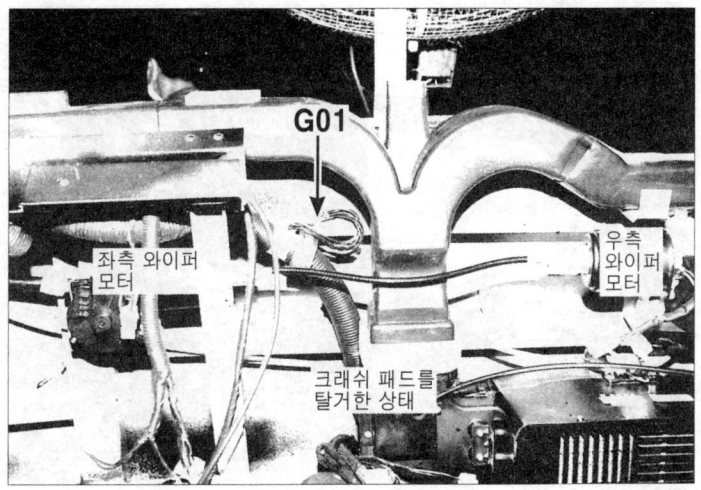

G01

G04, G06

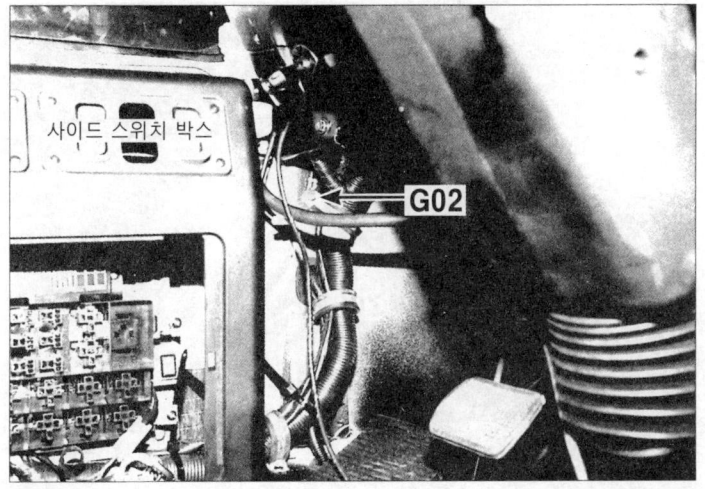

G02

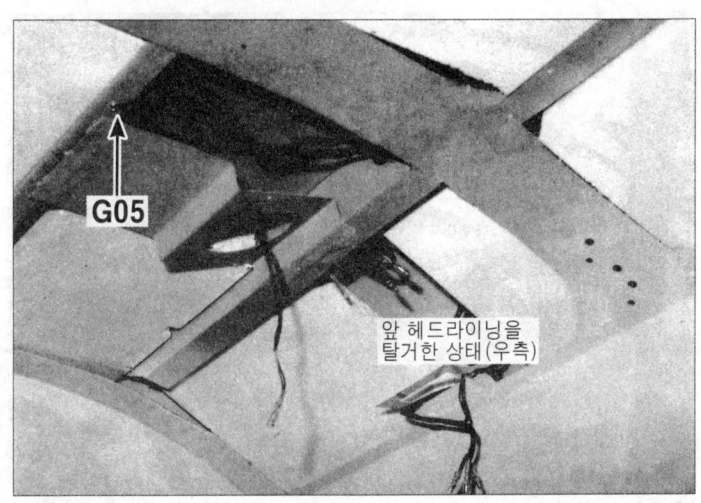

G05

G03

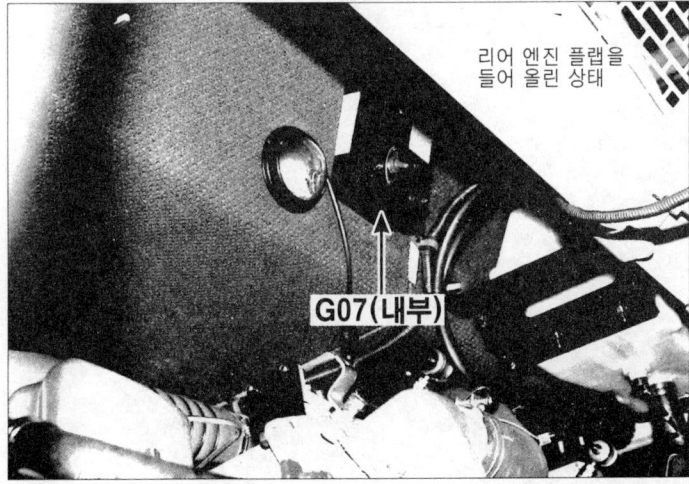

G07

접지(2)

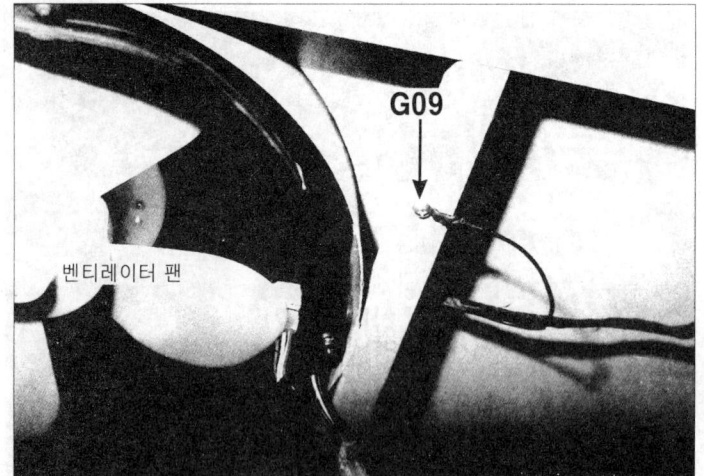

G09 — 벤티레이터 팬

Z01,Z02 — 사이드 스위치 박스 트림을 탈거한 상태

G19 — 제너레이터

Z03 — 트랜스미션, T/M 인스팩션 커버를 탈거한 상태

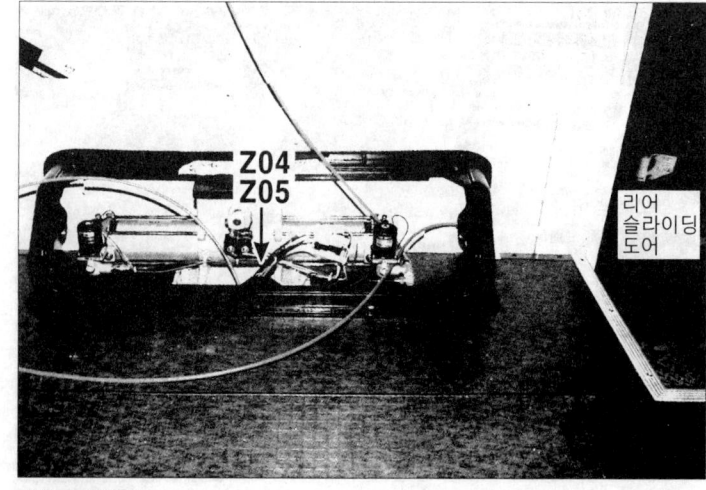

Z04,Z05 — 리어 슬라이딩 도어

컨넥터 식별도

메인 하니스 CC-2
엔진 하니스 CC-7
스위치 하니스 CC-8
샤시 하니스 CC-9
ABS & 에어컨 하니스 CC-12
스피커 & 램프 하니스 CC-14

CC-2

컨넥터 식별도

메인 하니스

메인 하니스 (1)

M01	M02	M03-1	M03-2
2 1 / 4 3 — CR04F027	2 1 — CR02F040	1 / 3 2 — CR03F078	1 / 3 2 — CR03F078

M04	M05	M06	M09
2 1 — CR02F040	2 1 — CR02F046	2 1 — CR02F049	3 2 ✕ 1 / 7 6 5 4 — CR07F003

M10	M11-1	M11-2	M12-1
3 2 1 / 6 5 4 — CR06F002	1 — CR01M013	1 — CR01F043	4 3 ✕ 2 1 / 10 9 8 7 6 5 — CR10F006

M12-2	M13	M14
6 5 4 ✕ 3 2 1 / 14 13 12 11 10 9 8 7 — CR14F001	1 / 2 / 5 4 3 — CR05F011	1 / 2 / 5 4 3 — CR05F011

M15	M16	M17	M18
1 / 2 / 5 4 3 — CR05F011	1 / 4 3 2 / 5 — CR05F029	1 / 2 / 5 4 3 — CR05F011	1 / 2 / 5 4 3 — CR05F011

M20	M21	M22	M23
1 / 4 3 2 / 5 — CR05F029	1 / 4 3 2 / 5 — CR05F029	1 / 4 3 2 / 5 — CR05F029	1 / 4 3 2 / 5 — CR05F029

메인 하니스 CC-3

메인 하니스 (2)

M24	M25		M27-1
pins: 1,2,3,4,5	pins: 1,2,3,4,5	BLANK	pin: 1
CR05F029	CR05F029		CR01M013

M27-2	M28	M29	M30
pin: 1	pin: 1	pin: 1	pin: 1
CR01F043	CR01F038	CR01F038	CR01F038

M32	M34	M35
pins: 1,2	pins: 1-12 (circular)	pins: 1-8
CR02F012	CR12F026	CR08F002

M37-1	M37-2
pins: 1-14	pins: 1-12
CR14F019	CR12F007

M37-3	M38	M39
pins: 1-20	pins: 1,2	pins: 1-8
CR20F001	CR02F118	CR08F008

M41-1	M41-2	M41-3
pins: 1-13 (4 blank)	pins: 1-7 (3 blank)	pins: 1-5 (3 blank)
CR13F002	CR07F002	CR05F016

K4IA001B

CC-4

컨넥터 식별도

메인 하니스 (3)

M41-4	M43	M44	M45
3 2 / 1 8 7 6 5 4 CR08F010	2 1 CR02F046	3 2 ⊠ 1 7 6 5 4 CR07F002	3 2 / 1 8 7 6 5 4 CR08F010

M46	M47	M49
6 5 4 / 3 2 1 14 13 12 11 10 9 8 7 CR14F019	2 1 CR02F049	3 2 1 CR03F026

M50	M51	M52
3 2 1 CR03F026	3 2 1 CR03F026	6 5 4 ⊠ 3 2 1 14 13 12 11 10 9 8 7 CR14F001

M53	M54	
1 2 CR02F012	8 7 6 5 4 3 2 1 16 15 14 13 12 11 10 9 CR16F035	BLANK

M56	M57	M58	
1 2 CR02F012	4 3 2 1 CR04F048	2 / 1 6 5 4 3 CR06F017	BLANK

M60	M61	M62	M63
2 1 CR02F040	1 2 CR02F012	2 1 CR02F049	2 1 CR02F049

메인 하니스

메인 하니스 (4)

CC-6

컨넥터 식별도

메인 하니스 (5)

엔진 하니스

엔진 하니스

E01	E02	E03	E05
CR01F002	CR04F027	CR01F002	CR01F027
E06	E07	E08	E09
CR02F064	CR02F030	CR01F018	CR01F002
E10	E11	E12	E13
CR01F020	CR01F038	CR03F002	CR01F002
EC01	EC02		BLANK
CR01B011	CR08B005		
EC03		BLANK	BLANK
CR06B004			

CC-8

컨넥터 식별도

스위치 하니스

I01	I02	I03	I04
2 / 1 / 6 5 4 3	2 / 1 / 6 5 4 3	2 / 1 / 6 5 4 3	2 / 1 / 6 5 4 3
CR06F017	CR06F017	CR06F017	CR06F017

I05	I06	I07	I08
2 / 1 / 6 5 4 3	2 / 1 / 6 5 4 3	2 / 1 / 6 5 4 3	2 / 1 / 6 5 4 3
CR06F017	CR06F017	CR06F017	CR06F017

K4IA003A

샤시 하니스

샤시 하니스 (1)

C01 CR01F038	**C02** CR01F002	**C03** CR01F002	**BLANK**
C05 CR02F100	**BLANK**	**C07** CR01F038	**C08** CR01F038
C11-1 CR01F020	**C11-2** CR01F020	**C13-1** CR02F040	**C13-2** CR02F040
C14 CR02F040	**C15** CR01F038	**C16** CR01F038	**BLANK**
C18 CR01F038	**C19** CR02F049	**C20** CR01F043	**C21-1** CR03F026
C21-2 CR03F026	**C23** CR06F016	**C24** CR02F040	**C25** CR06F016

CC-9

K4IA004A

CC-10

컨넥터 식별도

샤시 하니스 (2)

C26	C27	C28	C29
2 1	2 1	1	2 1
CR02F040	CR02F040	CR01F020	CR02F040

C30		C32	C33
2 1 3	BLANK	2 1	2 1
CR03F020		CR02F040	CR02F040

C34	C35	C36	C37
2 1	2 1	1	1
CR02F040	CR02F040	CR01F002	CR01F022

C38	C39	C40	C41
1	2 1	2 1	1 / 3 2
CR01F043	CR02F001	CR02F118	CR03F005

C42	C43	C44	C46
3 2 1 / 6 5 4	1 / 2	2 1	4 3 2 1 / 11 10 9 8 7 6 5
CR06F002	CR02F012	CR02F049	CR11F001

C47	C48	C49	
4 3 2 1	4 3 2 1	4 3 2 1	BLANK
CR04F048	CR04F048	CR04F048	

샤시 하니스

샤시 하니스 (3)

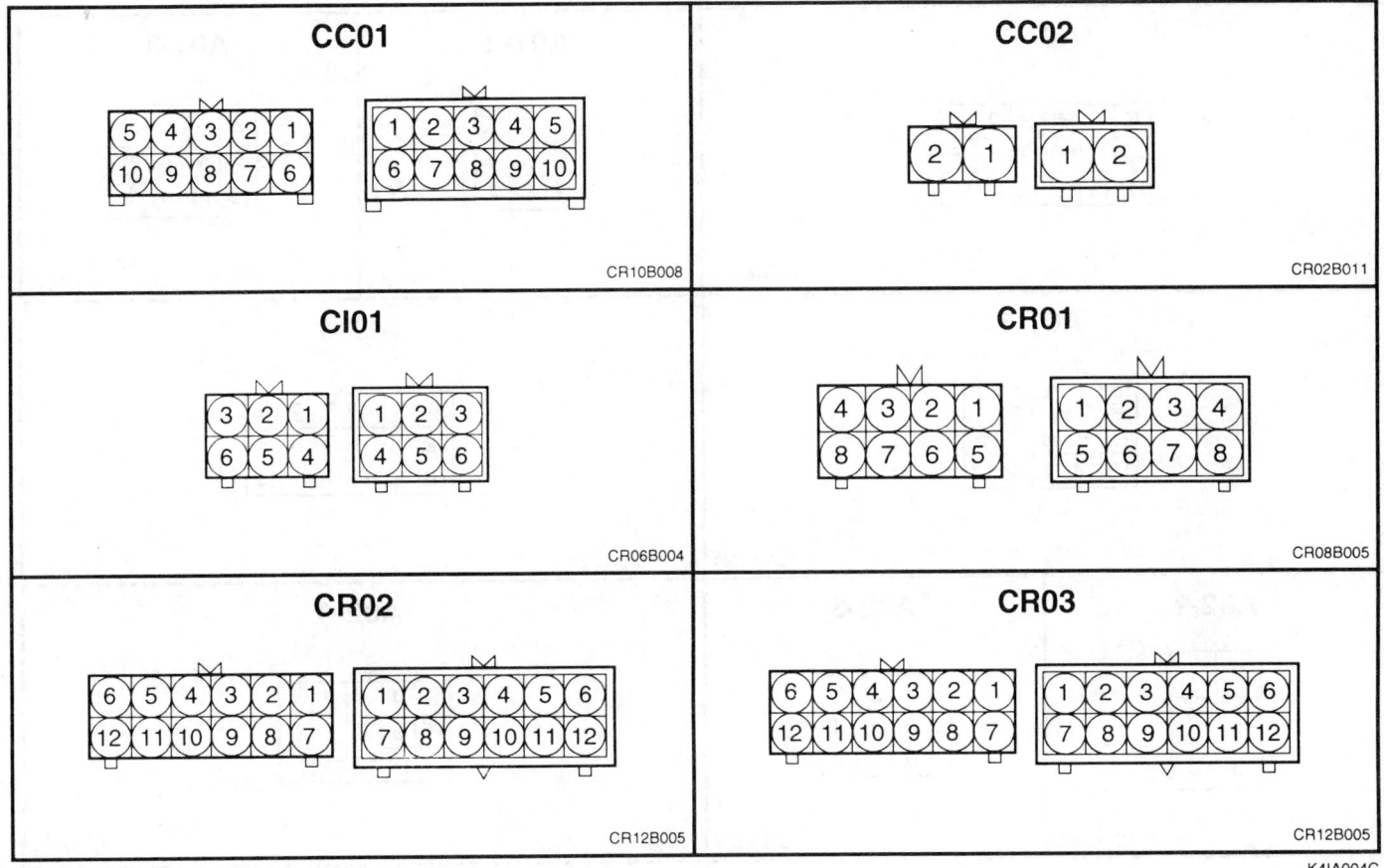

ABS & 에어컨 하니스

ABS & 에어컨 하니스 (1)

ABS & 에어컨 하니스

ABS & 에어컨 하니스 (2)

A16	BLANK	A21
(2,1,3)		6 5 4 / 3 2 1 14 13 12 11 10 9 8 7

A22	A23	BLANK
3 2 / 1 9 8 7 6 5 4 15 14 13 12 11 10	(3 2 1 / 6 5 4)	

CC-14

스피커 & 램프 하니스

스피커 & 램프 하니스 (1)

R01-1	R01-2	R02-1	R02-2
CR01M009	CR01F012	CR01M009	CR01F012
R03-1	**R03-2**	**R04-1**	**R04-2**
CR01M009	CR01F012	CR01M009	CR01F012
R05-1	**R05-2**	**R06-1**	**R06-2**
CR01M009	CR01F012	CR01M009	CR01F012
R07-1	**R07-2**	BLANK	**R11-1**
CR01M009	CR01F012		CR01M009
R11-2	**R12**	**R13**	BLANK
CR01F012	CR01F043	CR01F043	
R15-1	**R15-2**	**R16-1**	**R16-2**
CR01M009	CR01F012	CR01M009	CR01F012

K4IA006A

스피커 & 램프 하니스

CC-15

스피커 & 램프 하니스 (2)

R18-1	R18-2	R19-1	R19-2
CR01M009	CR01F012	CR01M009	CR01F012
R20	**R21-1**	**R21-2**	**R22-1**
CR01M009	CR01M009	CR01M009	CR01M009
R22-2	**R23-1**	**R23-2**	**R24-1**
CR01M009	CR01M009	CR01M009	CR01M009
R24-2	**R25-1**	**R25-2**	**R26-1**
CR01M009	CR01M009	CR01M009	CR01M009
R26-2	BLANK	**R29-1**	**R29-2**
CR01M009		CR01M009	CR01F012
BLANK	**R31**	**R32**	BLANK
	CR04F027	CR02F040	

CC-16

컨넥터 식별도

스피커 & 램프 하니스 (3)

R34	R35	R37
2,1	2,1	BLANK	1/4,3,2/5
CR02F040	CR02F040		CR05F029

R38 — 1/4,3,2/5 — CR05F029
R39 — 13,12,11,10,9,8,7,6,5,4,3,2,1 / 26,25,24,23,22,21,20,19,18,17,16,15,14 — CR26F014
R40 — 2,1 — CR02F049

R41 — 3,2,1 / 6,5,4 — CR06F016
R42 — 2,1 — CR02F049
R44 — 2,1 — CR02F049
R45 — 4,3,2,1 / 8,7,6,5 — CR08F042

R46 — 2,1 — CR02F040
R48 — 2,1 / 4,3 — CR04F027
R51 — 2,1 / 6,5,4,3 — CR06F017
R52 — 2,1 / 6,5,4,3 — CR06F017

R54 — 3,2,1 / 8,7,6,5,4 — CR08F010
R55 — 3,2,1 / 8,7,6,5,4 — CR08F010
R56 — 2,1 — CR02F050
R57 — 2,1 — CR02F046

R58 — 2,1 — CR02F049
R59 — 1/2 — CR02F012
RR01 — 3,2,1 / 6,5,4 ‖ 1,2,3 / 4,5,6 — CR02F049

K4IA006C

하니스 배치도

메인 하니스	HL-2
엔진 & 프런트 스위치 판넬 하니스	HL-4
샤시 #1 & 히터 하니스	HL-5
샤시 하니스 #2	HL-6
ABS 하니스	HL-7
스피커 하니스	HL-8
리어 램프 하니스	HL-9

메인 하니스

메인 하니스 (1)

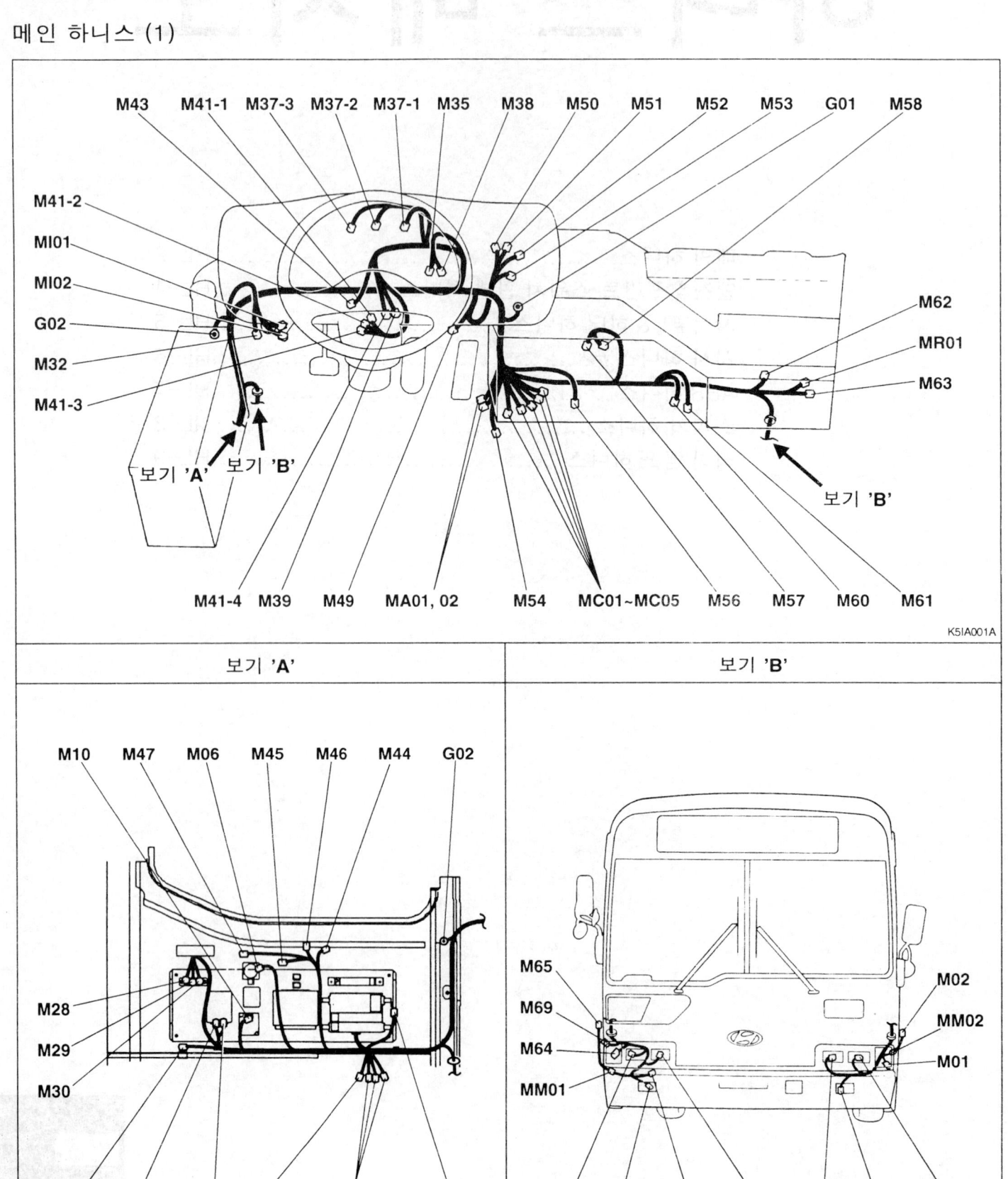

메인 하니스

메인 하니스 (2)

M01	좌측 앞 콤비 램프
M02	좌측 사이드 방향등
M03-1	좌측 전조등(OUT)
M03-2	좌측 전조등(IN)
M04	좌측 안개등
M05	자기 진단 리셋트 스위치
M06	워닝 부져
M09	콜드 스타트 스위치
M10	플래셔 유니트
M12-1	MUTIC
M12-2	MUTIC
M13	경음기 릴레이
M14	행선지 표시등 릴레이
M15	파킹 릴레이
M16	AUX(12V) 릴레이
M17	안개등 릴레이
M18	룸 램프 릴레이
M20	DBR(ABS) 릴레이
M21	전조등 릴레이(LOW)
M22	전조등 릴레이(HIGH)
M23	미등 릴레이
M24	와이퍼 릴레이(LOW)
M25	와이퍼 릴레이(HIGH)
M28	정션 블록
M29	정션 블록
M30	정션 블록
M32	배터리 스위치
M34	타코그래프
M35	스피도 메타
M37-1	계기판
M37-2	계기판
M37-3	계기판
M38	퓨즈 홀더
M39	이그니션 스위치
M41-1	다기능 스위치
M41-2	다기능 스위치
M41-3	다기능 스위치
M41-4	다기능 스위치
M43	클러치 스위치
M44	운전석 스피커 스위치
M45	디프로스터 컨트롤 모듈
M46	히터 컨트롤 모듈
M47	시거 라이터
M49	좌측 와이퍼 모터
M50	도어 오프레이션 스위치(앞문)
M51	도어 오프레이션 스위치(중문)
M52	오디오
M53	디프로스터 조명등
M54	자기 진단 점검 단자
M56	프런트 콘센트
M57	디프로스터
M58	우측 와이퍼 모터
M60	세이프티 램프
M61	와셔 모터
M62	프런트 도어 솔레노이드
M63	도어 키 스위치
M64	우측 앞 콤비 램프
M65	우측 사이드 방향등
M66-1	우측 전조등(OUT)
M66-2	우측 전조등(IN)
M67	경음기
M68	우측 안개등
M69	프런트 도어 스위치
MA01	ABS 하니스 접속 컨넥터
MA02	ABS 하니스 접속 컨넥터
MA03	에어컨 하니스 접속 컨넥터
MC01	샤시 하니스 #2 접속 컨넥터
MC02	샤시 하니스 #2 접속 컨넥터
MC03	샤시 하니스 #2 접속 컨넥터
MC04	샤시 하니스 #2 접속 컨넥터
MC05	샤시 하니스 #2 접속 컨넥터
MC06	히터 하니스 접속 컨넥터
MI01	프런트 스위치 판넬 하니스
MI02	프런트 스위치 판넬 하니스
MM01	우측 사이즈 방향등 하니스 접속 컨넥터
MM02	좌측 사이즈 방향등 하니스 접속 컨넥터
MR01	스피커 하니스 접속 컨넥터
MR02	룸 램프 하니스 접속 컨넥터
MR03	룸 램프 하니스 접속 컨넥터
MR04	벤티레이터 하니스 접속 컨넥터
G01	접지
G02	접지
Z01	다이오드
Z02	다이오드

엔진 & 프런트 스위치 판넬 하니스

엔진 & 프런트 스위치 판넬 하니스 (1)

엔진 하니스

E01	제너레이터(접지)
E02	제너레이터
E03	제너레이터(배터리)
E05	오버 히터 유니트
E06	수온 센더
E07	마이크로 스위치
E08	오일 바이패스 경고
E09	스타트 솔레노이드
E10	히터 릴레이
E11	히터 릴레이
E12	연료 차단 모터
E13	스타트 모터 (B+ 단자)
EC01	샤시 하니스 #1 접속 컨넥터
EC02	샤시 하니스 #2 접속 컨넥터
EC03	샤시 하니스 #2 접속 컨넥터
G19	접지

프런트 스위치 판넬 하니스

I01	리타드 브레이크 스위치
I04	행선지 표시등 스위치
I05	AUX 스위치
I06	독서등 스위치
I07	룸 램프 스위치 #1
I08	룸 램프 스위치 #2
MI01	메인 하니스 접속 컨넥터
MI02	메인 하니스 접속 컨넥터

샤시 #1 & 히터 하니스

샤시 #1 & 히터 하니스 (1)

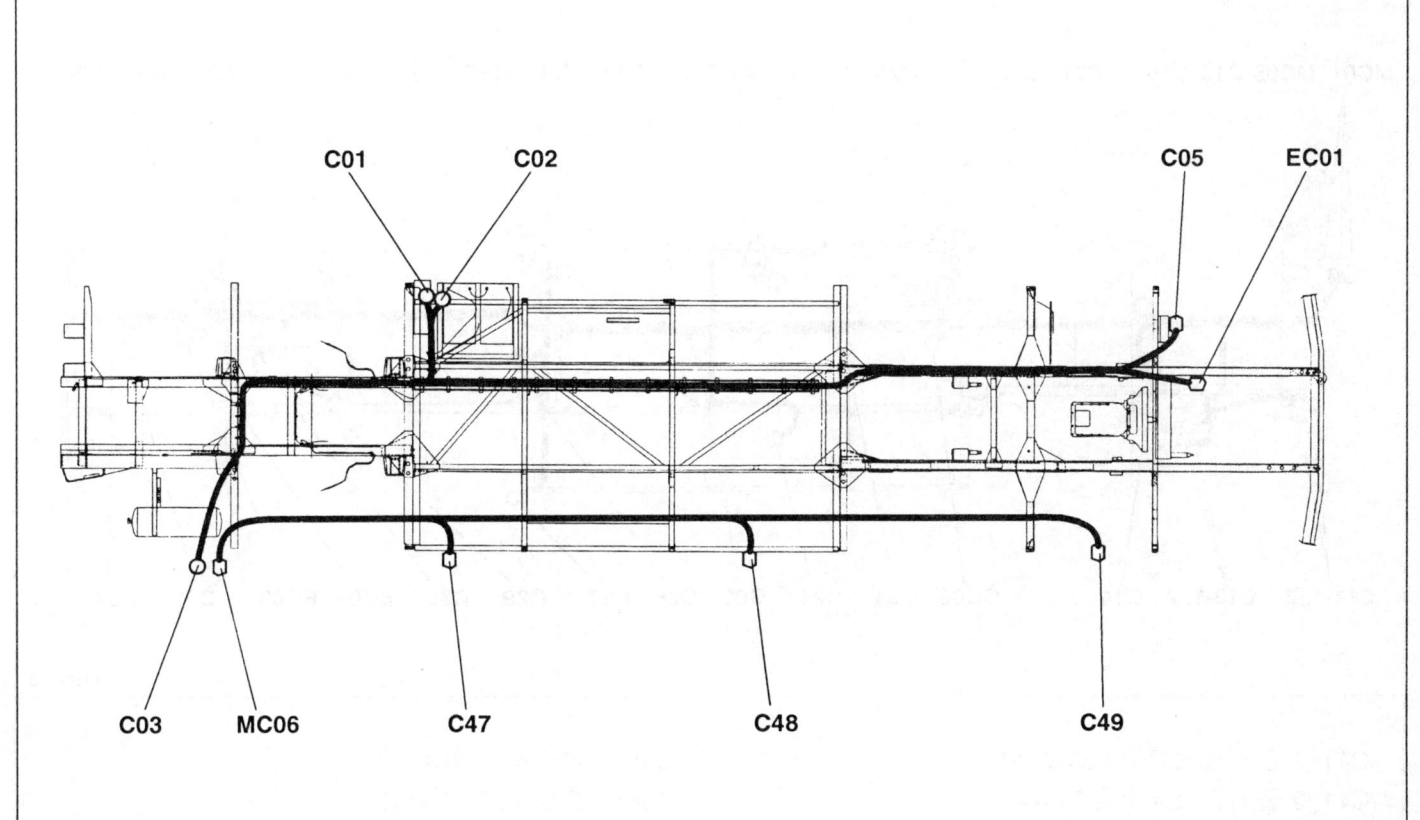

샤시 하니스 #1

C01   200A 퓨즈(OUT)
C02   200A 퓨즈
C03   정션 블록
C05   스타트 릴레이
EC01 엔진 하니스 접속 컨넥터

퓨즈 박스

C07   배터리 릴레이(+)
C08   200A 퓨즈블링크
CC01 샤시 하니스 #2 접속 컨넥터

프리히터 하니스

C41   프리히터 유니트
C42   프리히터 유니트
C43   프리히터 유니트
C44   워터 펌프
C46   프리히터 컨트롤 판넬
CC02 샤시 하니스 #2 접속 컨넥터
G08   접지

히터 하니스

C47   히터 유니트 #1
C48   히터 유니트 #2
C49   히터 유니트 #3
MC06 메인 하니스 접속 컨넥터

샤시 하니스 #2

샤시 하니스 #2 (1)

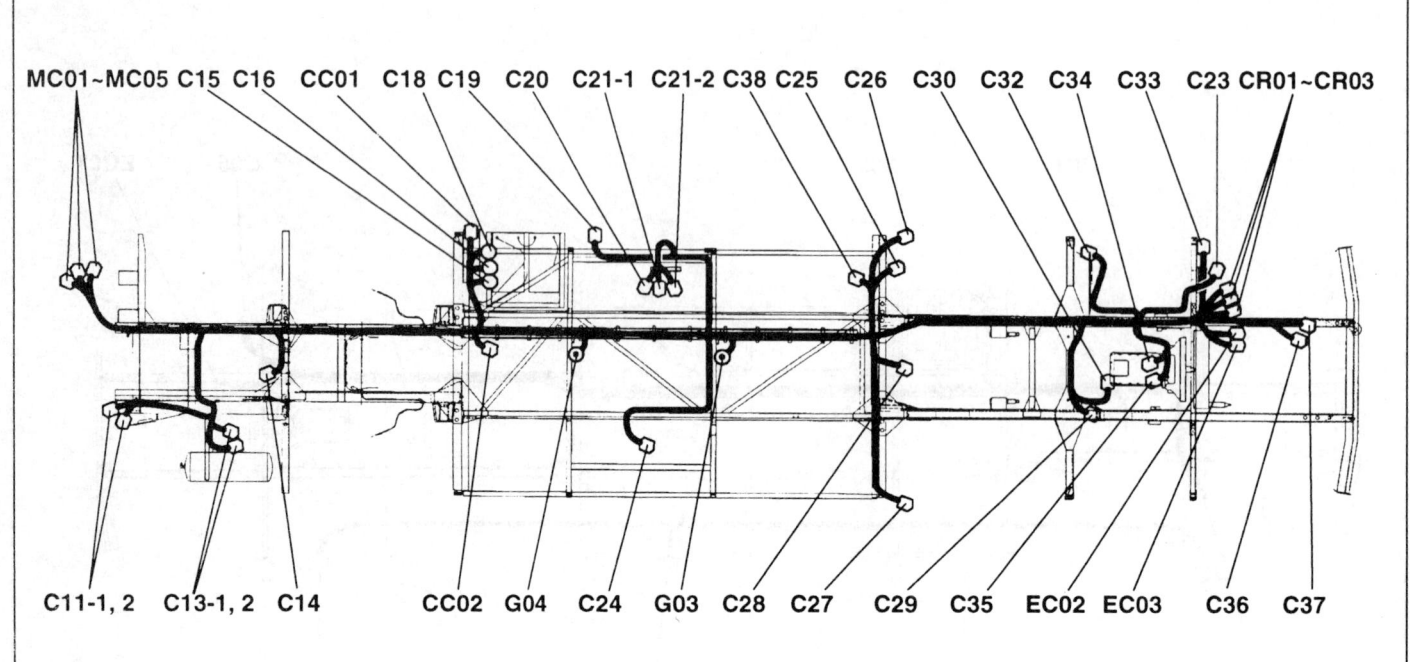

C11-1	공기압 스위치(LOW) #1	C35	후진등 스위치
C11-2	공기압 스위치(LOW) #2	C36	오일 압력 스위치
C13-1	정지등 스위치 #1	C37	오일 압력 센더
C13-2	정지등 스위치 #2	C38	러기지 룸 램프
C14	엑셀 인터록 솔레노이드	C39	타코미터 센서
C15	배터리 릴레이	C40	퓨즈 홀더
C16	에어컨 퓨즈블링크(100A)	CC01	배터리 퓨즈 박스 하니스 접속 컨넥터
C18	에어컨 릴레이	CC02	프리히터 하니스 접속 컨넥터
C19	도어 플랜져 스위치	CR01	리어 램프 하니스 접속 컨넥터
C20	도어 솔레노이드	CR02	리어 램프 하니스 접속 컨넥터
C21-1	마이크로 스위치	CR03	리어 램프 하니스 접속 컨넥터
C21-2	마이크로 스위치	EC02	엔진 하니스 접속 컨넥터
C23	레귤레이터	EC03	엔진 하니스 접속 컨넥터
C24	연료 센더	MC01	메인 하니스 접속 컨넥터
C25	원 웨이 포토 센서	MC02	메인 하니스 접속 컨넥터
C26	우측 휠 램프	MC03	메인 하니스 접속 컨넥터
C27	좌측 휠 램프	MC04	메인 하니스 접속 컨넥터
C28	에어 파킹 스위치	MC05	메인 하니스 접속 컨넥터
C29	배기 밸브 솔레노이드	G03	접지
C30	차속 센서	G04	접지
C32	에어 드라이어	Z03	다이오드
C33	스타트 릴레이	Z04	다이오드
C34	뉴트럴 스위치	Z05	다이오드

ABS 하니스

ABS 하니스 (1)

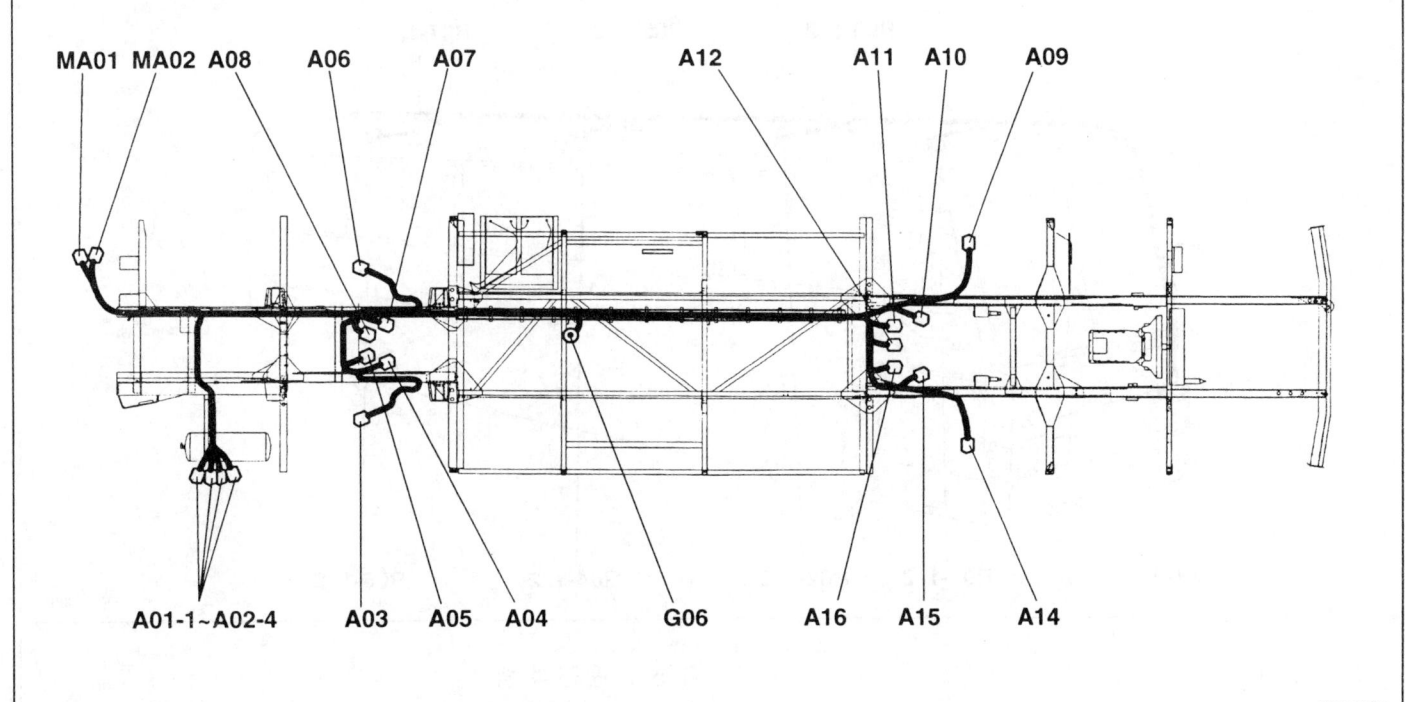

ABS 하니스

A01-1 ABS 컨트롤 모듈(ASR 적용)
A01-2 ABS 컨트롤 모듈(ASR 적용)
A01-3 ABS 컨트롤 모듈(ASR 적용)
A01-4 ABS 컨트롤 모듈(ASR 적용)
A02-1 ABS 컨트롤 모듈(ASR 미적용)
A02-2 ABS 컨트롤 모듈(ASR 미적용)
A02-3 ABS 컨트롤 모듈(ASR 미적용)
A02-4 ABS 컨트롤 모듈(ASR 미적용)
A04 좌측 앞 휠 스피드 센서 (A1)
A05 좌측 앞 압력 컨트롤 밸브(A1)
A07 우측 앞 휠 스피드 센서(A1)
A08 우측 앞 압력 컨트롤 밸브(A1)
A10 우측 뒤 휠 스피드 센서(A2)
A11 우측 뒤 압력 컨트롤 밸브(A2)
A12 솔레노이드 밸브
A15 좌측 뒤 휠 스피드 센서(A2)
A16 좌측 뒤 압력 컨트롤 밸브(A2)
MA01 메인 하니스 접속 컨넥터
MA02 메인 하니스 접속 컨넥터
G06 접지

에어컨 하니스

A21 에어컨 컨트롤 판넬
A22 에어컨 이베퍼레이터
A23 에어컨 컴프레서
MA03 메인 하니스 접속 컨넥터

HL-8 하니스 배치도

스피커 하니스

스피커 하니스 (1)

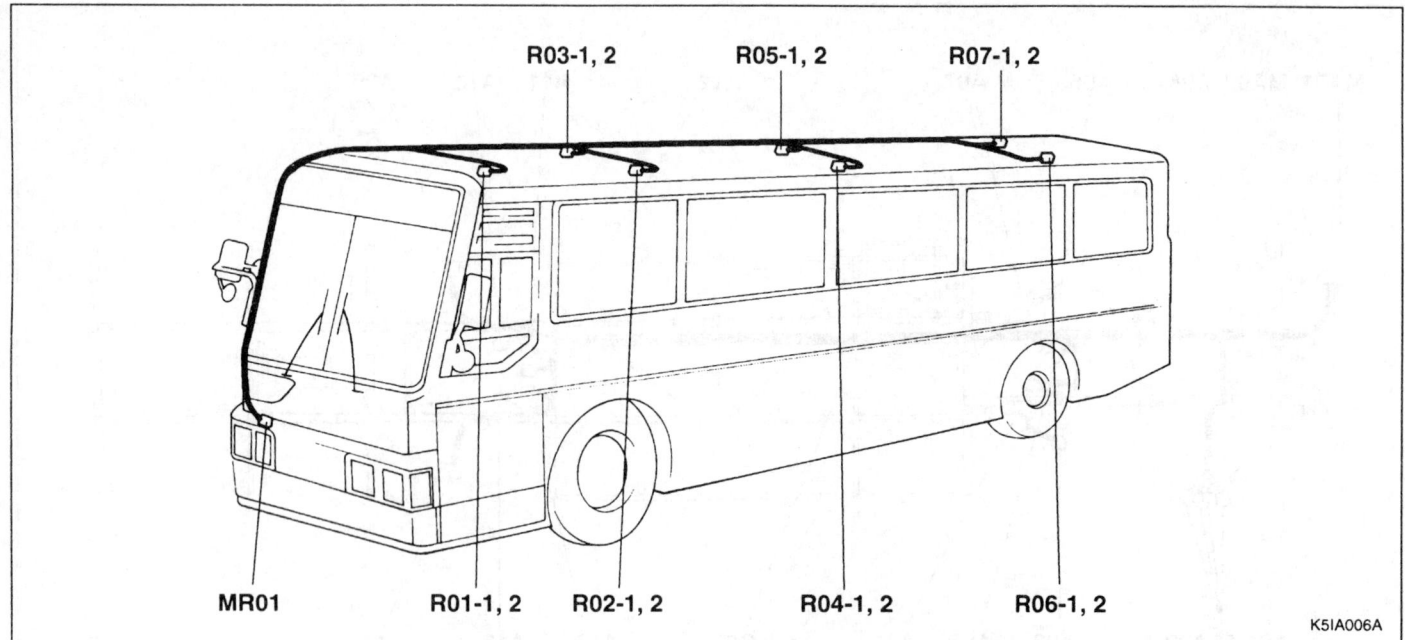

스피커 하니스

R01-1 운전석 스피커
R01-2 운전석 스피커
R02-1 좌측 스피커 #1
R02-2 좌측 스피커 #1
R03-1 우측 스피커 #1
R03-2 우측 스피커 #1
R04-1 좌측 스피커 #2
R04-2 좌측 스피커 #2
R05-1 우측 스피커 #2
R05-2 우측 스피커 #2
R06-1 좌측 스피커 #3
R06-2 좌측 스피커 #3
R07-1 우측 스피커 #3
R07-2 우측 스피커 #3
MR01 메인 하니스 접속 컨넥터

룸 램프 하니스

R11-1 앞 행선지 표시등(OPT)
R11-2 앞 행선지 표시등(OPT)
R12 앞 행선지 표시등 #1
R13 앞 행선지 표시등 #2
R15-1 운전석 램프
R15-2 운전석 램프
R16-1 앞문 엔트런스 램프
R16-2 앞문 엔트런스 램프
R18-1 도어 오프레이션 램프(스텝)
R18-2 도어 오프레이션 램프(스텝)
R19-1 앞 도어 오프레이션 램프
R19-2 앞 도어 오프레이션 램프
R20 뒤 도어 오프레이션 램프
R21-1 룸 램프 #1
R21-2 룸 램프 #1
R22-1 룸 램프 #2
R22-2 룸 램프 #2
R23-1 룸 램프 #3
R23-2 룸 램프 #3
R24-1 룸 램프 #4
R24-1 룸 램프 #4
R25-1 룸 램프 #5
R25-2 룸 램프 #5
R26-1 룸 램프 #6
R26-2 룸 램프 #6
R29-1 중문 엔트런스 램프
R29-2 중문 엔트런스 램프
MR02 메인 하니스 접속 컨넥터
MR03 메인 하니스 접속 컨넥터
G05 접지

리어 램프 하니스

리어 램프 하니스 (1)

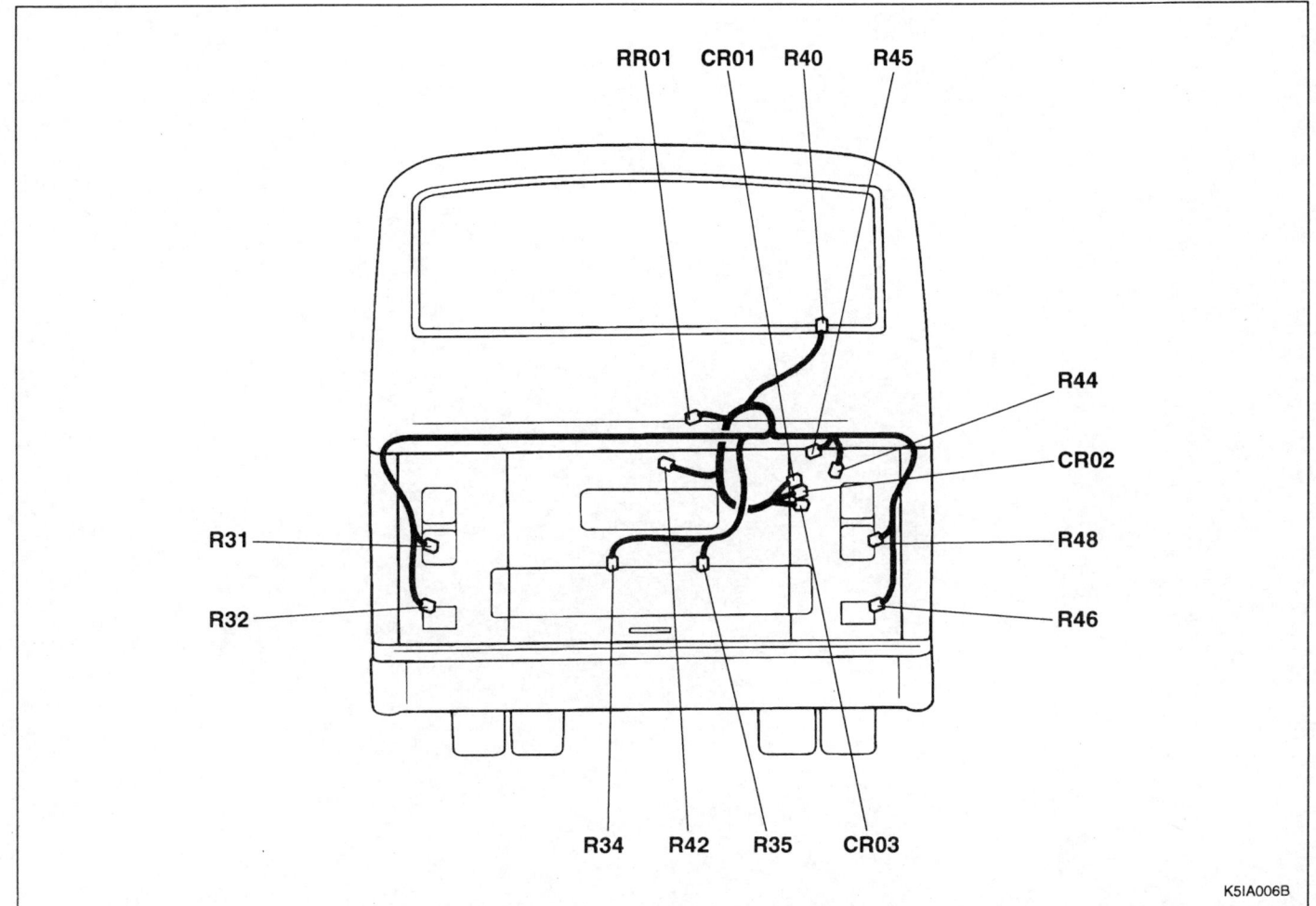

리어 램프 하니스

- R31 좌측 뒤 콤비 램프
- R32 좌측 후진등
- R34 번호판등 #1
- R35 번호판등 #2
- R40 뒤 행선지 표시등
- R42 엔진 룸 램프
- R44 워터 레벨 센서
- R45 조인트 컨넥터
- R46 우측 후진등
- R48 우측 뒤 콤비 램프
- CR01 샤시 하니스 #2 접속 하니스
- CR02 샤시 하니스 #2 접속 하니스
- CR03 샤시 하니스 #2 접속 하니스
- RR01 리어 스위치 박스 하니스 접속 컨넥터

벤티레이터 하니스

- R51 벤티레이터 스위치
- R52 벤티레이터
- MR04 메인 하니스 접속 컨넥터
- G09 접지

리어 스위치 박스 하니스

- R56 스타트 세이프티 스위치
- R57 스타트 스위치
- R58 엔진 룸 램프 스위치
- R59 리어 콘센트
- RR01 리어 램프 하니스
- G07 접지

현대자동차 지침서(Ⅰ)

승용

※ 약어 : 디젤엔진(㉤) 커먼레일(㉿), 터보인터쿨러(㉣), 디젤엔진COVEC-F(ⓒ)

도 서 명		정가	도 서 명		정가	도 서 명		정가
엘란트라	엔 진('93)	10,500	아반떼XD	정비지침서(2000)	25,000	자동변속기	승용·RV정비(2002)	5,000
	섀 시('93)	22,000		전기배선도(2000)	8,000	수동변속기	승용·RV정비(2002)	4,500
마르샤	엔 진('95)	13,000		정비지침서(2003)	26,000		승용·RV정비(2005)	9,000
	섀 시('95)	19,000		전장회로도(2003)	6,300			
엑센트	엔진·섀시('95)	21,000		전장회로도(2005)	6,000			
	전기회로도('95)	7,500	아반떼(디젤)	정비지침서(2005)	24,500			
베르나	엔진·섀시('99)	20,000	NEW 아반떼	가솔린 엔진(2007)	34,500			
	전기회로도('99)	7,500		섀 시(2007)	36,500			
	엔진·섀시(2002)	21,000		전장회로도(2007)	9,000			
	전기회로도(2002)	5,500	디 젤	엔진(2007)	21,500			
	전장회로도(2004)	5,100	그랜저/다이너스티	엔 진('96)	20,000			
NEW 베르나	엔 진(2006)	35,700		섀 시('96)	23,500			
	섀 시(2006)	29,900		전기회로도('96)	9,000			
	전장회로도(2006)	7,800		전장회로도(2003)	7,000			
쏘나타(Ⅱ)	엔 진('93)	10,500		전장회로도(2004)	6,200			
	섀 시('93)	절판	아토스	정비지침서('97)	20,000			
	전기회로도('93)	9,500		전기회로집('97)	6,200			
쏘나타(Ⅲ)	엔 진('96)	12,500		정비지침서(2001)	18,000			
	섀 시('96)	19,000		전기회로집(2001)	5,500			
EF쏘나타	엔 진('98)	10,500	클 릭	정비지침서(2002)	22,500			
	섀 시('98)	20,500		전장회로도(2002)	5,000			
	전기회로집('98)	9,500	NEW 클릭	정비지침서(2006)	18,400			
	정비지침서(2001)	8,000		전장회로도(2006)	5,700			
	전기회로집(2001)	8,000		정비보충판(D4FA-디젤 1.5)	22,000			
	전장회로집(2003)	7,500	라비타	정비지침서(2002)	21,000			
EF·XG·다이너스티	LPG전장(2003)	2,200		전기회로집(2002)	7,000			
LPG엔진	(통합본)(2001)	7,000		전장회로도(2003)	4,900			
NF쏘나타	엔 진(2005)	17,000	그랜저XG	엔 진('98)	10,500			
	섀 시(2005)	28,000		섀 시('98)	21,500			
	전장회로도(2005)	5,100		전기회로도('98)	10,500			
	정비(LPI보충판)(2005)	11,500		정비지침서(2002)	27,000			
	전장(보충)(2005)	10,000		전장회로도(2002)	9,000			
	정비보충판(2005)	27,000		전장회로도(2005)	8,000			
	정비보충판(2007)	23,000	그랜저(TG)	엔 진(2005)	38,400			
스쿠프	정비지침서('93)	13,000		섀 시(2005)	32,800			
티뷰론	엔 진('96)	7,000		전장회로도(2005)	10,700			
	섀 시('96)	16,500		보충정비(LPI)(2005)	20,500			
투스카니	정비지침서(2001)	23,500		정비보충판(2007)	28,500			
	전기회로집(2001)	7,000	에쿠스	엔 진('99)	10,500			
	정비지침서(2005)	15,700		섀 시('99)	22,000			
	전장회로도(2005)	4,800		전기회로집('99)	11,500			
	정비지침서(2007)	28,000		전기회로집(2000)	14,000			
아반떼	엔 진('95)	11,500		정비지침서(2001)	7,500			
	섀 시('95)	16,000		정비지침서(2004)	11,000			
	전기회로도('95)	8,500		전장회로도(2004)	8,200			
				정비보충판(2005)	28,000			
				전장회로도(2005)	8,000			
				정비보충판(2007)	12,500			

※ 약어 : 디젤엔진(디) 커먼레일(커), 터보인터쿨러(티), 디젤엔진COVEC-F(ⓒ)

RV

도 서 명		정가	도 서 명		정가	도 서 명	정가
싼타모	엔 진('99)	12,000	투 싼	엔 진(2004)	13,500		
	새 시('99)	19,000		새 시(2004)	27,000		
	보디&전장('99)	14,000		전장회로도(2004)	4,000		
갤로퍼(II)	엔 진('99)	11,500		정비보충판(2005)	14,000		
	새 시('99)	15,000		전장회로도(2005)	8,000		
	보디&전장('99)	21,000		정비보충판(2007)	12,000		
디·ⓒ,(LPG V6엔진)	정비지침서(2002)	22,500	싼타페	정비지침서(2000)	34,000		
	전장회로도(2002)	4,000		전기배선도(2000)	13,500		
테라칸	정비지침서(2001)	27,000		전장회로도(2002)	6,500		
디·ⓒ,(LPG V6엔진)	전기회로집(2001)	7,000		전장회로도(2003)	6,000		
디·ⓒ	J3엔진(2.9TCI)(2001)	7,000	NEW 싼타페	엔 진(2006)	21,100		
	전장회로도(2003)	6,000		새 시(2006)	37,100		
	정비지침서(2004)	5,000		전장회로도(2006)	8,800		
	전장회로도(2004)	4,000		정비보충판(2007)	27,000		
베라크루즈	엔진·변속기(2007)	28,000					
	새 시(2007)	37,000					
	전장회로도(2007)	10,500					
포 터	정비지침서('96)	20,000					
	전장회로도(2001)	4,500					
포 터(II)	정비지침서(2004)	32,500					
	전장회로도(2004)	4,000					
그레이스	정비지침서('93)	23,000					
	전기회로집(2001)	5,000					
그레이스/포터	정비지침서(2002)	21,500					
리베로	정비지침서(2000)	25,000					
	전기배선도(2000)	10,000					
	정비지침서(2002)	19,500					
디,(VE, 루카스)	전장회로도(2002)	5,000					
트라제XG	정비지침서('99)	26,000					
	전기회로집('99)	12,000					
	전장회로도(2002)	7,000					
	정비지침서(2004)	8,000					
	전장회로도(2004)	6,000					
	전장회로도(2006)	8,500					
D4EA(트라제, 싼타페) 디·커·티	엔 진(2000)	6,500					
스타렉스	엔 진('97)	10,500					
	새 시('97)	18,000					
	전기회로도(2000)	8,000					
디·ⓒ·티, (LPG V6엔진)	정비지침서(2001)	24,000					
	전기회로집(2001)	8,000					
디·커·티	D4CB엔진(2002)	5,000					
	정비지침서(2004)	11,500					
	전장회로도(2004)	5,500					

※ 약어 : 디젤엔진-ⓓ, 커먼레일-ⓚ, 터보인터쿨러-ⓣ, 디젤엔진COVEC-F-ⓒ,

도서명		정가	도서명		정가	도서명	정가
카운티	엔 진('98)	9,000	D6CB(엔진)	정비지침서(2004)	6,100		
	섀 시('98)	18,500		정비지침서(2007)	7,000		
	전장회로도(2003)	8,000	e에어로타운	정비지침서(2004)	10,000		
마이티(3.5톤)	정비지침서('93)	20,500	D4DD	엔 진(2004)	8,000		
마이티(Ⅱ)	엔 진('98)	9,000	슈퍼에어로시티	정비지침서(2005)	5,800		
	섀 시('98)	9,000		전장회로도(2005)	4,200		
코러스	정비지침서('93)	18,000	뉴파워트럭	전장회로도(2005)	4,500		
현대4.5/5톤트럭	정비지침서('93)	12,500	e에어로타운	정비지침서(2006)	17,700		
슈퍼5톤트럭	정비지침서('98)	18,000		전장회로로(2006)	5,500		
	전기회로집(2001)	8,000	매가트럭	전장회로로(2006)	6,200		
S-2000자동변속기	정비지침서(2002)	12,500	D6AB/D6AC	엔진고장진단(2005)	13,000		
슈퍼트럭	섀 시(2001)	21,000					
	섀 시(2003)	21,500					
슈퍼트럭파워텍	전장회로도(2002)	11,000					
대형트럭·특장차	섀 시('93)	16,500					
25톤트럭	정비지침서('96)	14,000					
에어로버스	섀시1편(2000)	29,000					
	섀시2편(2000)	29,000					
	전기회로집(2000)	18,000					
에어로퀸, 익스프레스, 에어로스페이스	정비지침서(2003)	37,000					
슈퍼에어로시티	정비지침서(2000)	16,500					
	전기회로집(2000)	5,500					
	정비지침서(2003)	17,500					
	정비지침서(2004)	7,600					
에어로타운	정비지침서(2001)	15,500					
D6디젤(엔진)	정비지침서('93)	8,000					
D8디젤(엔진)	정비지침서('96)	8,500					
V8디젤(엔진)	정비지침서('93)	8,500					
D6CA(엔진)	정비지침서(2001) (16톤, 19톤, 19.5톤) ⓚ	8,000					
D6AB/C(엔진)	정비지침서(2001) (8톤카고, 8.5톤, 9.5톤, 11톤, 11.5톤, 14톤, 16톤)	14,000					
D6DA(엔진)	정비지침서(2002) (5톤, 8.5톤, 에어로타운)	8,000					
C6DA	정비지침서(2004)	8,000					
글로버900CNG	전장회로도(2003)	5,500					
덤프, 트랙터, 믹서	정비지침서(2004)	23,100					
현대 상용차	전기회로도('93)	11,000					
e마이티·마이티Qt	정비지침서(2004)	10,000					
	전장회로도(2004)	5,400					
e카운티	정비지침서(2004)	10,500					
	전장회로도(2004)	5,300					
뉴파워트럭(보충판)	정비지침서(2004)	14,000					
	전장회로도(2004)	5,000					
에어로퀸, 익스프레스, 에어로스페이스	정비지침서(2004)	10,400					
	전장회로도(2004)	7,000					
매가트럭	정비지침서(2004)	11,000					
	전장회로도(2004)	4,500					

기아자동차 지침서(I)

차종	도서명	정가
세 피 아(II)	정비지침서(전기배선도 첨부)('97)	24,000
포 텐 샤	엔 진('97)	17,000
	새 시('97)	20,000
	전기배선도(LPG·바디수리 포함)('97)	15,000
크레도스(II)	정비지침서·전기배선도(LPG 포함)('97)	36,000
엔터프라이즈	정비지침서('97)	12,000
	정비지침서(보충판·전기배선도)('97)	18,000
비 스 토	정비지침서(전기배선도)('97)	30,000
	정비지침서(2001)	24,000
	전기배선도(2001)	6,800
스펙트라	정비지침서(전기배선도)(2001)	29,000
스펙트라/스펙트라윙	전장회로도(정비·전장 포함)(2001·2003)	7,700
옵 티 마	정비지침서(2000)	21,000
	전기배선도(2000)	8,500
옵티마리갈	정비지침서(보충판 포함)(2001)	36,200
	전장회로도(2001)	8,700
	전장회로도(보충판·LPG 포함)(2003)	9,500
리 오	정비지침서(전기배선도)(2001)	31,000
리오SF	정비지침서(전장수록)(2002)	23,700
	전장회로도(2004)	6,200
오피러스	엔진·전장회로도(2003)	22,300
	새 시(2003)	23,600
	정비·전장 보충판(2003)	13,200
	정비지침서(보충판)(2005)	26,000
스포티지	새 시('93)	22,000
	전기배선도(2001)	7,000
카스타	엔진·트랜스밋션('97)	18,000
	새시·전기('97)	16,000
레토나	엔 진('97)	15,000
	새시·전기배선도(보충판 첨부)('97)	17,000
카렌스	엔진·전기배선도('99)	16,000
	새 시('99)	15,000
	정비지침서(2001)	29,500
	전기회로도(2001)	9,200
카렌스(II)	정비지침서(XTREK 공용)(2002)	32,900
	전장회로도(2002)	10,500
	정비지침서 보충판(2002)	5,100
	정비지침서/전장회로도(2004)	18,900
카렌스(II)/XTREK	전장회로도(2004)	7,100
카니발	정비지침서('97)	18,500
	전기장치(가솔린·디젤)('97)	20,000
	LPG(보충판·전기배선도)('97)	15,500
카니발(II)	정비지침서(2001)	28,000
	전기배선도(2001)	8,400

차종	도서명	정가
카니발(II)	LPG전기배선도(2001)	8,400
	정비지침서(보충판)(2002)	10,200
	전장회로도(2003)	9,300
	전장회로도(2004)	6,600
쏘렌토	정비지침서(2002)	26,000
	전장회로도(2002)	7,400
	정비지침서(보충판)(2002)	7,000
	전장회로도(가솔린)(2002)	5,500
	전장회로도(2004)	7,700
	정비지침서(보충판)(2004)	7,900
	정비/전장회로도(보충판)(2005)	25,000
	전장회로도(2006)	9,000
	정비지침서(보충판)(2007)	22,000
쎄라토	엔 진(2004)	19,600
	새 시(2004)	32,500
	전장회로도(2004)	6,700
	정비지침서(1.5디젤 보충판)(2005)	24,100
	전장회로도(2007)	10,000
모 닝	정비지침서(2004)	33,800
	전장회로도(2004)	5,900
	정비지침서(보충판)(2007)	15,000
스포티지	엔 진(2004)	36,200
	새 시(2004)	41,700
	전장회로도(2004)	11,500
	정비지침서(보충판)(2007)	12,500
프라이드	엔 진(2005)	18,700
	새 시(2005)	25,300
	전장회로도(2005)	6,800
	정비지침서(1.5디젤 보충판)(2005)	28,300
	전장보충판(D4FA-디젤1.5, 5도어)(2005)	5,000
	정비지침서(보충판)(2007)	20,000
그랜드카니발	엔 진(2006)	18,300
	새 시(2006)	34,100
	전장회로도(2006)	10,400
	정비지침서(보충판)(2006)	19,000
	정비지침서(보충판)(2007)	19,500
로 체	엔 진(2006)	27,800
	새 시(2006)	37,500
	전장회로도(2006)	9,000
NEW 오피러스	엔 진(2006)	40,000
	새 시(2006)	36,000
	전장회로도(2006)	13,500
NEW 카렌스(II)	엔 진(2006)	34,500
	새 시(2006)	31,500
	전장회로도(2006)	8,500

기아자동차 지침서(Ⅱ)

차종	도서명	정가	차종	도서명	정가
승용차			**전차종**		
승용·RV·상용차			**승용·RV·상용차**		
프레지오	정비지침서(전기포함)('95)	27,000	아벨라	정비지침서('97)	18,000
	정비지침서(2001)	15,000		바디수리서('97)	5,000
봉고프론티어	정비지침서('97)	18,000		전기배선도('97)	6,500
	정비지침서(2000전장 첨부)(2001)	17,700	포텐샤	정비지침서('97)	16,000
봉고(Ⅲ)1톤	정비지침서(2004)	33,900		전기배선도('97)	10,000
	전장회로도(2004)	6,000	크레도스	정비지침서('97)	20,000
봉고(Ⅲ)코치	정비지침서(2004)	30,700	세피아(Ⅱ)	정비지침서('97)	14,000
	전장회로도(2004)	5,900		전기배선도('97)	6,000
봉고(Ⅲ)	정비지침서(1톤,1.4톤 전장포함)(2004)	12,400	엔터프라이즈	정비지침서('97)	12,000
프런티어	2.5톤 정비지침서('97)	15,500		전기배선도('97)	7,000
	정비지침서(1.3톤, 2.5톤, 전장회로도 수록)('97)	14,000	캐피탈	전기배선도('97)	10,000
타우너	정비지침서(전기배선도 첨부)(2001)	16,000	콩코드	전기배선도('97)	6,000
파맥스	2.5톤/3.5톤 정비지침서(2001)	22,000	카니발	정비지침서('97)	18,500
라이노	정비지침서(2001)	13,000		전기장치(디젤)('97)	10,000
				LPG전기배선도('97)	9,000
				LPG추보판('97)	6,500
			카렌스	정비지침서('97)	19,000
				전기배선도('97)	12,000
			카스타	엔진·트랜스밋션('97)	18,000
				섀시·전기('97)	16,000
			프레지오	정비지침서('97)	15,000
				전기배선도('97)	12,000
			봉고프런티어	정비지침서('97)	12,000
				전기배선도('97)	6,000
			프런티어	전기배선도('97)	6,000

골든벨 도서목록

자동차 정비 현장 실무서

- THE 도장 ☞ 20,000원
- THE 판금 ☞ 22,000원
- 차체수리(판금) 그리고 도장 ☞ 15,000원
- 자동차 검사실무 ☞ 16,000원
- 자동차 사고 손해사정 ☞ 18,000원
- 자동차 보수도장기능사실기 ☞ 25,000원
- 창업그리고 경영 ☞ 20,000원
- LPG자동차의 모든 것 ☞ 14,000원
- LPG자동차 시스템 ☞ 16,000원
- 자동차 LPG 공학(이론과 실무) ☞ 18,000원
- 유영봉의 휠 얼라인먼트 ☞ 35,000원
- 현대 커먼레일의 현장실무(Ⅰ) ☞ 43,000원
- 현대자동차 승용차 종합배선도 ☞ 43,000원
- 현대자동차 승용차 종합배선도(Ⅱ) ☞ 43,000원
- 현대자동차 승합차 종합배선도 ☞ 38,000원
- 현대 RV종합배선도 ☞ 43,000원
- 기아자동차 토탈 승용차 종합배선도 ☞ 38,000원
- 기아자동차 토탈 승용차 종합배선도(Ⅱ) ☞ 38,000원
- 기아자동차 토탈 승용차 종합배선도(Ⅲ) ☞ 33,000원
- 기아자동차 토탈 승합차 종합배선도 ☞ 38,000원
- 기아자동차 RV 종합배선도 ☞ 43,000원
- 외국차 배선도 보는법 ☞ 28,000원
- 릴레이 위치 및 와이어링 하니스 ☞ 38,000원
- 현대차 배선도보는법 및 트러블진단 ☞ 38,000원
- 엔진 튜닝은 이렇게 ☞ 15,000원
- 파워 엔진 튜닝 ☞ 15,000원
- HKS 엔진튜닝테크닉 ☞ 15,000원
- CAR AUDIO 기기장착과 튜닝의 세계 ☞ 15,000원
- 하이브리드카 ☞ 18,000원

자동차 입문서 및 오너정비 · 운전

- 쉽게 보는 김홍건의 자동차 공학 ☞ 8,000원
- 자동차를 말한다 ☞ 15,000원
- 冊으로 보는 자동차 박물관 ☞ 15,000원
- 세계의 고속철도 ☞ 25,000원
- 교통사고, 모르면 당한다 ☞ 7,000원
- 오토 CAR 운전 테크닉 ☞ 7,000원
- 시내 주행 기법 ☞ 7,000원
- 新아픈車 응급치료 ☞ 8,000원
- 자동차 홀로서기 ☞ 7,000원
- 자동차 10년타기 길라잡이 ☞ 8,000원
- 자동차도 화장을 한다. ☞ 8,000원
- 바이크 엔진 A to Z ☞ 13,000원
- 바이크 타는법 ☞ 10,000원

자동차정비이론서 및 현장감초서

- 차량 정비공학 ☞ 18,000원
- 최신 자동차 정비공학 ☞ 18,000원
- 자동차 정비교본 ☞ 13,000원
- 자동차 구조 & 정비 ☞ 16,000원
- 자동차 용어대사전 ☞ 25,000원
- 자동차 장치별 용어해설 ☞ 15,000원
- 섹션별 자동차 용어 ☞ 15,000원

자동차 관련 수험서

- 자동차 정비기능사 팡파르 ☞ 16,000원
- 자동차 검사기능사 한마당 ☞ 16,000원
- 자동차 정비검사기능사 축제 ☞ 16,000원
- 자동차 정비 · 검사 과년도문제집 ☞ 15,000원
- 포인트 카일렉트로닉스 문제 ☞ 14,000원
- 멀티 카일렉트로닉스 필기 ☞ 15,000원
- 카일렉트로닉스 실습 ☞ 16,000원
- 신 자동차 차체수리필기 ☞ 18,000원
- 자동차정비기능사 유형별 실기 ☞ 16,000원
- 자동차검사기능사 유형별 실기 ☞ 16,000원
- 자동차정비 · 검사 실기유형별 기능사 ☞ 19,000원
- 자동차 기능사답안지 작성법 ☞ 12,000원
- 자동차 정비 · 검사 新 실기교본 ☞ 16,000원
- 최신 자동차 정비 산업기사&기사 답안지 작성법 ☞ 12,000원
- 최신 자동차 검사 산업기사&기사 답안지 작성법 ☞ 15,000원
- 자동차 공학 및 정비 [1] ☞ 16,000원
- 자동차 검사 [2] ☞ 18,000원
- 자동차 기계열역학 [3] ☞ 18,000원
- 자동차 일반기계공학 [4] ☞ 16,000원
- 뉴자동차 정비 산업기사 / 뉴자동차검사 산업기사 ☞ 17,000원
- 휘어잡기자동차 정비 / 검사 산업기사 ☞ 19,000원
- 新자동차 정비 · 검사 산업기사 총정리 ☞ 17,000원
- 자동차 정비 / 검사산업기사 과년도문제집 ☞ 13,000원
- 학과총정리 기사&산업기사 ☞ 22,000원
- 최신자동차 정비기사 ☞ 18,000원
- 최신자동차 검사기사 ☞ 18,000원
- 자동차 정비 / 검사기사 과년도문제집 ☞ 15,000원
- 계산문제 이럴땐 이렇게 ☞ 15,000원
- 정석 차량기술사 ☞ 35,000원
- 자동차정비기능장(필기) ☞ 20,000원
- 자동차정비기능장(실기) ☞ 20,000원
- 자동차정비기사 · 산업기사 실기특강 ☞ 23,000원
- 자동차검사기사 · 산업기사 실기특강 ☞ 25,000원
- 新자동차 정비 · 검사 실기정복 ☞ 19,000원

제 목	: **2000 슈퍼에로시티 전기회로집**
발행일자	: 2001년 11월 5일 발행
저 자	: 현대자동차(주) 정비자료발간팀
발 행 인	: 김 길 현
발 행 처	: 도서출판 골든벨
	서울시 용산구 문배동 40-21
	◆ E-mail : GBPUB@chollian.net
	◆ http : // www.gbbook.co.kr
등 록	: 제 3-132호(1987. 12. 11)
대표전화	: 02) 713-4135
F A X	: 02) 718-5510
정 가	: 5,500원
I S B N	: 89-7971-348-7-93550

※ 본 책에서 저자 및 발행처의 동의없이 내용의 일부 또는 도해를 무단복제할 경우 저작권법에 저촉됩니다.